高等学校计算机基础教育系列教材

计算思维与Python 编程基础实践教程

微课视频版

方 翠 黄晓平 主 编

王亿首 吴呈瑜 程宏伟 副主编

U0230091

清华大学出版社

北京

内 容 简 介

本书是《计算思维与 Python 编程基础（微课视频版）》（第 2 版）的配套实践教程，提供了对应章节的实验范例、实验习题及实验思考题，供读者使用。全书分上下两篇，共 10 章。上篇为计算机基础，是计算机的基本操作实验，共 5 章，主要内容为：计算思维与计算机初识、计算机的信息表示、计算机系统、计算机网络和高级办公软件应用。下篇为 Python 编程基础，是 Python 编程实验，共 5 章，主要内容为：Python 初识、Python 数据类型、程序控制结构、Python 函数实验和 Python 算法实现。每一章开头列出相关知识点，包含相关实验内容的知识点概括；中间给出了具体的实验范例；章末设置拓展性实验思考题目，供深入学习参考。下篇增设了实验习题，用于 Python 编程巩固练习。本书作为新形态教材，以二维码形式为复杂的实验环节提供详细指导视频以及部分章节的实验练习题库，方便学生自测练习。

本书适合作为高等学校非计算机专业计算机基础课程的实验指导教材，也适合计算机爱好者练习使用。

图书在版编目（CIP）数据

计算思维与 Python 编程基础实践教程：微课视频版/方翠，黄晓平主编. -- 北京：清华大学出版社，2025.3. --（高等学校计算机基础教育系列教材）. -- ISBN 978-7-302-68268-4

Ⅰ. TP312.8

中国国家版本馆 CIP 数据核字第 20250RK216 号

责任编辑：张　玥
封面设计：常雪影
责任校对：王勤勤
责任印制：丛怀宇

出版发行：清华大学出版社
网　　　址：https://www.tup.com.cn，https://www.wqxuetang.com
地　　　址：北京清华大学学研大厦 A 座　　　　　邮　　编：100084
社　总　机：010-83470000　　　　　　　　　　　邮　　购：010-62786544
投稿与读者服务：010-62776969，c-service@tup.tsinghua.edu.cn
质量反馈：010-62772015，zhiliang@tup.tsinghua.edu.cn
课件下载：https://www.tup.com.cn，010-83470236
印　装　者：三河市君旺印务有限公司
经　　　销：全国新华书店
开　　　本：185mm×260mm　　　印　　张：7.75　　　字　　数：181 千字
版　　　次：2025 年 3 月第 1 版　　　　　　　　印　　次：2025 年 3 月第 1 次印刷
定　　　价：39.80 元

产品编号：105996-01

前　言

数字化时代,计算机技术已成为推动社会发展的关键力量。无论是在科学研究、工程设计、商业管理中,还是在日常生活中,计算机的应用都无处不在。随着人工智能技术的飞速发展,计算思维作为一种解决问题的思维模式,正变得越来越重要。它不仅为计算机科学家和工程师提供了解决问题的框架,还广泛应用于科学、工程、经济学等多个学科。计算思维的核心在于培养严密的逻辑推理能力,鼓励创新思维,并善于应用计算机,通过自动化解决方案提高效率。计算思维的教育价值已被全球教育体系认可,成为 21 世纪的关键技能之一。计算思维在我国也备受重视,信息技术与学科融合正在进一步深入,计算思维已成为各专业学生都应掌握的思维方式。

本教材旨在为非计算机专业学生提供一个全面的计算思维实践平台,结合学生自身的计算机基础能力,尊重学生计算机能力和专业的差异性,着力培养学生的计算思维能力。本书上篇为计算机基础,涵盖了计算机相关知识概念、人工智能大模型浅应用、计算机基础实践操作等,帮助学生更进一步具象化地理解计算机科学的基础概念,提高信息素养。下篇通过 Python 编程解决问题,结合《西游记》的文化元素设计案例,以进一步提高编程教学的趣味性,帮助学生巩固提高计算思维能力。每一章实验从基础到进阶,兼顾普适性和个性化。每一章的实验目的给出了该实验要达到的目标,方便学生对标各类计算机教学大纲。相关知识点言简意赅地概述了实验项目相关内容,方便学生查阅。实验范例从简单到复杂,给出详细操作步骤和参考程序,通过典型范例帮助学生尽快掌握计算机相关理论知识和计算思维方法,选择合适的实践操作。下篇的“实验习题”用于 Python编程实践的巩固练习,培养学生的动手能力。“实验思考”通过问题导向鼓励学生进行深入思考、发散创新和团队合作,答案不唯一。

本书的主要特色如下:

(1) 知识全面。

全书涵盖了计算机科学基础知识实践和 Python 编程基础应用实践,并且加入了最新的“人工智能大模型”的使用案例,确保知识体系的完整性和实时性。

(2) 实用性强。

每个实验都紧密结合实际应用,如学习大模型指令技巧、模拟计算机硬件组装、操作系统安装、网络配置、办公软件应用等,有对应的视频示范,多方位提高学生的动手能力。

(3) 结构清晰。

教材结构合理,每一章节按照由浅入深的原则组织内容,教师可以根据学生能力灵活安排实验内容,使学习者逐步建立知识体系,逐步提高利用计算思维分析和解决问题的能力。

(4) 配套资源丰富。

本书包括配套的素材、代码、微课视频以及更充分的题库资源。

本书由方翠、黄晓平、王亿首、吴呈瑜、程宏伟共同编写,编者所在的计算机基础教研团队对本书提出了许多宝贵建议,在此表示感谢。在本书的出版过程中,作者团队还得到了清华大学出版社的大力支持,在此表示感谢。

由于编者水平有限,书中难免存在不妥和疏漏之处,敬请读者批评指正。

编 者

2024 年 12 月

目录

上篇　计算机基础

下篇　Python 编程基础

上篇

计算机基础

第 1 章 计算思维与计算机初识

1.1　实　验　目　的

（1）了解计算思维的基本概念。
（2）了解几种常见大语言模型的使用方法和应用领域。
（3）了解计算思维的过程,尝试借助大语言模型解决实际问题。
（4）学习使用指令词技巧探索大语言模型的应用。

1.2　相　关　知　识

1.2.1　计算思维概述

周以真教授指出,计算思维是运用计算机科学的基础概念去求解问题、设计系统和理解人类行为的一系列思维活动的统称。计算思维建立在计算过程的能力和限制之上,由人控制机器执行。因此,理解一些计算思维,包括理解"计算机"的思维,理解"计算机是如何工作的,计算能力如何越来越强大",利用计算机的思维去理解现实世界的各种事物如何利用计算系统来进行控制和处理,培养各学科人员的计算思维模式,建立复合型知识结构,进行新型计算手段研究以及基于新型计算手段的学科创新,都是非常重要的。

计算思维是一个问题解决的过程,该过程可描述为:发现并分析问题→设计系统模型→提出解决方案→评估和选择方案→推广和迁移。计算思维的本质就是抽象和自动化,当动态演化系统抽象为离散符号系统后,就可以建立模型、设计算法、开发软件,利用计算机系统完成自动化计算,从而解决主要核心问题。

随着社会的发展和技术的进步,计算机的功能越来越强大,计算机越来越智能,问题求解思路和方法也随之发生变化。ChatGPT 的横空出世,更是代表着人工智能技术的迅速崛起,大语言模型迅速渗透到各学科研究中,同时也促进了计算思维与人工智能的深度融合。借助 ChatGPT 这类大语言模型,人类与计算机的沟通更为顺畅,利用计算机系统解决问题更加高效。但是,借助 ChatGPT 这类大语言模型工具与计算机交流,需要给出一些提示语(即指示词,prompt),让它去做些什么。若它给的结果在预期之外,就需要从计算思维的角度思考如何提供更具有针对性、更合适的提示语,从而得到所需的答案。

1.2.2 大语言模型概述

聊天生成预训练变换模型(chat generative pre-trained transformer,ChatGPT),是OpenAI 公司研发的一款聊天机器人程序,于 2022 年 11 月 30 日发布,发布后 5 天的用户超百万,2 个月后,活跃用户已经突破 1 亿,成为史上用户增长速度最快的消费级应用程序。ChatGPT 作为人工智能技术新的里程碑式应用,深度影响整个信息社会的未来变革。ChatGPT 能够基于在预训练阶段所见的模式和统计规律来生成回答,还能根据聊天的上下文进行互动,真正像人类一样聊天交流,甚至能完成撰写论文、邮件、脚本、文案,翻译,编写代码等任务。2024 年 7 月 17 日,OpenAI 宣布推出其最新一代语言模型ChatGPT 4.0,与之前的版本相比,它具备更高质量的生成内容、更加准确的理解和回答问题的能力,以及更好的上下文把握能力。GPT 大模型更像人类的大脑,它兼具"大规模"和"预训练"两种属性。能在海量通用数据上进行预先训练,基于 GPT 机制建立的人工智能数据模型,就叫"大模型"。

大规模语言模型(large language models,LLM),也称大语言模型,是一种由包含数百亿以上参数的深度神经网络构建的语言模型,通常使用自监督学习方法,通过大量无标注文本进行训练。大语言模型在自然语言处理和文本生成方面有着广泛应用。比如,智能客服可以通过大语言模型实现智能问答,解决用户的问题;自动翻译可以通过大语言模型识别并翻译语言,并实现多语言之间的交互;文本生成可以通过大语言模型生成新的语言表达,并实现自动写作等。

要使用 ChatGPT,首先需要在 OpenAI 官网申请注册账号,但目前暂时不支持国内手机号注册,需要第三方平台辅助,具有一定的局限性。因此,在本章实验中,我们使用国内大语言模型——文心一言作为大语言模型学习工具。文心一言是百度公司研发的一款人工智能大语言模型产品。

1.2.3 国内大语言模型

大语言模型的研究已经是自然语言处理领域的一个热点。目前,国外 OpenAI 公司的 GPT 系列不断刷新着自然语言处理任务的性能纪录。在国内,大语言模型的研究也取得了显著进展,百度、阿里、华为等科技巨头都推出了具有自主知识产权的大语言模型。以下列举几个常用的国内大语言模型产品。

1. 文心一言

文心一言是由百度公司研发的一款大语言模型产品。它具备强大的文本生成、编辑和分析功能,能够快速、高效地完成各种写作任务。它的特点主要如下。

(1) 智能化文本生成。能够根据用户提供的关键词或主题自动生成符合要求的文本内容,既可用于文章、文案的撰写,也可用于社交媒体管理、新闻报道等领域。

(2) 人性化写作辅助。具备智能化的校对和编辑功能,能够自动纠正语法错误、提供词汇建议,帮助用户完善文本表达,提升文本质量。

（3）个性化内容推荐。具备强大的内容推荐功能，可以根据用户的兴趣和需求推荐相关的文章、素材和创意，激发用户的创作灵感。

（4）拓展性强。具备灵活的扩展性和可定制性，用户可以根据需求和习惯进行个性化的设置和调整，使其更好地适应各种写作场景。用户直接访问百度官方主页网站就可以使用网页版，沿用经典的聊天界面，与人工智能（artificial intelligence，AI）对话。用户也可以通过下载文心一言移动端使用文心一言。

2. 讯飞星火认知大模型

讯飞星火认知大模型是由科大讯飞公司研发的一款大语言模型产品，它具有文本生成、语言理解、知识问答、逻辑推理、数学能力、代码能力和多模态交互七大核心能力。该产品能够处理复杂的自然语言任务，提供面向教育、办公、车载等行业的智能化解决方案。

3. 阿里通义千问大模型

阿里通义千问大模型是一款由阿里巴巴公司开发的基于 Transformer 的大语言模型，可应用于语言理解、图像处理、知识表征等智能服务场景。

4. 华为盘古大模型

华为盘古大模型是华为公司研发的盘古系列 AI 大模型，涵盖了自然语言处理大模型、计算机视觉大模型、科学计算大模型等多个方向。该模型基于 ModelArts 研发设计，具有强大的参数规模、高效的生成能力、强大的语言理解能力、多模态知识理解和多语言支持等特点，旨在通过深度学习技术重塑千行百业，成为各组织、企业、个人的专家助手。

5. Kimi

Kimi 是由月之暗面科技有限公司开发的人工智能助手，可以上传 PDF、Word、PPT、图片等多种形式的文档，还可以分析网页内容。Kimi 的核心功能是：①阅读文件。它拥有高达 20 万字的上下文输入处理能力。②检索资料。它能够高效结合检索的结果，为用户提供更为全面和详尽的回答。

这些大语言模型产品有一个共同点，就是都需要用户输入指令词进行实时对话。因此，要想通过大语言模型获得更准确的信息和解决方案，除了依赖大语言模型本身的算法模型的支撑，也需要依赖高质量的指令词来帮助模型准确理解用户的意图和需求。

1.3　实　验　范　例

1.3.1　实验 1　文心一言基础操作——藏头诗

1-1

1. 注册登录文心一言

文心一言是基于百度文心大模型的知识增强大语言模型。如图 1-1 所示，输入文心一言的网址（https://yiyan.baidu.com/），进入首页界面，单击"立即登录"按钮，出现图 1-2 所示的注册界面，根据提示填入基本信息，注册登录完成即可使用文心一言。

图 1-1　文心一言首页界面

图 1-2　文心一言注册界面

2. 指令词构造

在首页界面的输入框内输入问题指令词,问题越准确,文心一言的回答就越符合需求。如图 1-3 所示,文心一言的使用手册中列出了一条优秀的指令词的基本格式。

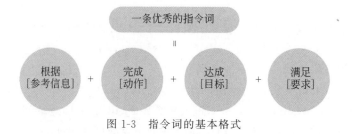

图 1-3　指令词的基本格式

（1）参考信息：包含文心一言完成任务时需要知道的必要背景和材料，如报告、知识、数据库、对话上下文等。

（2）动作：需要文心一言帮你解决的事情，如撰写、生成、总结、回答等。

（3）目标：需要文心一言生成的目标内容，如答案、方案、文本、图片、视频、图表等。

（4）要求：需要文心一言遵循的任务细节要求，如按××格式输出、按××语言风格撰写等。

按照一条优秀指令词的基本格式输入指令词，例如：请以唐代诗人的身份，在面对高山树木时，根据已有唐诗数据，撰写一篇作者借由眼前景观感叹生活美好的七言绝句，并严格满足七言绝句的格律要求。文心一言的回答如图 1-4 所示。

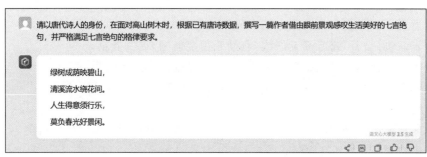

图 1-4　文心一言的回答

3. 藏头诗示例

依据好的指令词构造原则，以"浙江理工大学"为关键词撰写一首藏头诗，输入指令词，得到图 1-5 所示的文心一言藏头诗示例。

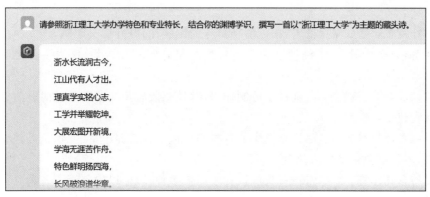

图 1-5　藏头诗示例

1.3.2　实验 2　文心一言实践——个人助理

了解了文心一言的指令构造方法，围绕具体问题，巧用文心一言，会得到意想不到的回答反馈。

(1) **提出问题**:健康中国理念提倡"健康饮食",请以改善饮食和健康状况为目的,利用文心一言这个私人营养师,定制一个合理的饮食计划,实现健康饮食的目标。

(2) **抓住要点**:询问的时候,使用角色扮演,明确条件,给出动作,提高效率。

(3) **构造问题指令词**:你是一名专业的营养师,请设计减脂餐食谱,并配有详细说明,不限种类。例如:我喜欢吃肉,但是怕胖,平时饮食喜欢吃辣。要求分一日三餐,注重食材多样,营养搭配,制作简单。

(4) **回答反馈**:文心一言作为私人营养师给出的回答如图 1-6 所示。

减脂餐食谱设计

早餐:

水煮蛋:1 个,提供优质蛋白质和必需的氨基酸。

全麦面包:2 片,富含膳食纤维,有助于稳定血糖,提供能量。

低脂牛奶:1 杯,补充钙质和维生素 D,同时提供部分蛋白质。

新鲜水果:如苹果或香蕉 1 个,提供维生素和矿物质,增加饱腹感。

午餐:

香煎鸡胸肉:100 克,鸡胸肉低脂高蛋白,香煎的方式能保留肉质的鲜美。

青椒炒木耳:木耳富含膳食纤维,青椒则提供维生素 C 和辣味,搭配起来既营养又开胃。

糙米饭:1 碗,糙米比白米更富含膳食纤维和维生素,有助于控制血糖。

番茄蛋花汤:番茄的酸味与蛋花的鲜香相结合,既开胃又低卡。

晚餐:

水煮鱼片:150 克,鱼肉富含不饱和脂肪酸,对心血管健康有益,水煮的方式保持原汁原味。

凉拌黄瓜:黄瓜爽口低卡,搭配酸辣口味的调味汁,既开胃又解腻。

红薯:1 个中等大小,红薯富含膳食纤维和复合碳水化合物,作为主食更有助于减脂。

酸辣汤:用豆腐、木耳、金针菇等制作,酸辣口感既满足味蕾需要又促进消化。

饮食建议:

控制总体热量摄入:尽管食谱中的食材都是低卡且营养丰富的,但仍需注意控制总体摄入量,避免过量摄入热量。

保持食物多样性:尽量在每天的饮食中涵盖多种食材,以确保摄入各种必需的营养素。

注意烹饪方式:选择低油低盐的烹饪方式,如蒸、煮、烤等,避免油炸和高糖高热量的食物。

多喝水:保持充足的水分摄入有助于代谢废物和脂肪,同时减少饥饿感。

坚持运动:合理的饮食搭配适量的运动是减脂的最佳方式,建议每天进行至少 30 分钟的有氧运动。

注意事项：

避免饥饿：不要为了减脂而过度节食，饥饿感会导致身体更容易储存脂肪，同时也会影响身体健康。

避免暴饮暴食：不要因为一时的情绪或压力而暴饮暴食，这样会导致热量摄入过多，影响减脂效果。

持之以恒：减脂是一个长期的过程，需要耐心和坚持，不要期望短时间内就能达到理想的效果。

希望这份减脂餐食谱能帮到你，祝你减脂成功！

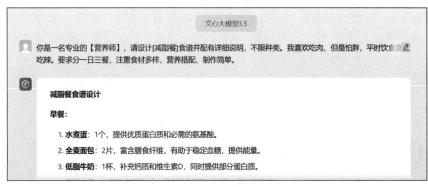

图 1-6　文心一言的回答

1.3.3　实验 3　文心一言拓展应用——赋能学习

文心一言这类大语言模型受到教育界和学术界的关注。从绘本制作到幼儿早教，从论文总结到学习辅助，大语言模型的应用场景越来越广泛。这种个性化、交互式的学习体验大大增强了学习的针对性，拓展了学习的广泛性。面对复杂问题，利用计算思维的过程，将任务进行分析拆解，分而治之，逐一攻破。逐轮询问语言大模型，步步精进，最终得到更契合需求的回答。

（1）提出问题：人工智能作为当今世界科技领域的璀璨明星，正以惊人的速度改变着我们的生活。请围绕人工智能写一份论文大纲，可涵盖人工智能的发展现状或人工智能的挑战等主题，要求问题中明确体现研究问题，其中研究问题及文献综述部分需要展开子标题。

（2）抓住要点：询问的时候使用角色扮演，明确分任务条件，给出具体的要求，提高效率。

（3）构造指令词：（以"人工智能的挑战"为例）请以一名计算机专家的身份，根据现有的人工智能的文档资料，撰写一篇关于"人工智能的挑战"主题的论文。论文主体需结合"人工智能的概述"和"人工智能面对的挑战"两个主题，问题中明确体现研究问题。要求文章结构清晰，包括引言、正文（各核心点分别成章）、结论及未来展望部分，引用最新研究成果与权威数据作为支撑,确保论述既有理论深度又具有实践指导意义,同时语言准确,逻辑严密,符合学术论文的规范与格式要求。

(4) **解答反馈**:(由于篇幅太长,只显示部分)如果对其中某一部分不满意,可以根据关键词再具体提问。

人工智能的挑战:探索前沿技术与应用瓶颈

摘要

本文深入探讨了人工智能(AI)在快速发展过程中所面临的多维度挑战。首先,简要概述了人工智能的定义、分类及当前技术进展,为后续分析奠定基础。随后,文章从技术、伦理与法律、社会与经济三个维度详细剖析了 AI 面临的挑战,包括可解释性与透明度不足、泛化能力与鲁棒性受限、隐私保护与数据安全、责任归属与算法偏见、就业结构变化及数字鸿沟加剧等问题。针对这些挑战,文章提出了加强技术研发、完善法律法规、促进就业转型与再培训、缩小数字鸿沟等应对策略。最后,文章展望了 AI 技术的未来发展趋势,强调了全面应对挑战、实现 AI 可持续发展的重要性。

1.4　实　验　思　考

1. 结合自身需求,设计一个基于文心一言的应用方案,如智能客服、智能写作助手等,探讨如何更好地使用提示词,提升文心一言的服务质量和学习效率。

2. 充分利用网络资源,探索文心一言的插件使用。

3. 目前的国产大语言模型,它们都可以实现:只需一个指令,就能懂你所言,答你所问,创你所需,解你所难,教你所学。请尝试利用多个大语言模型对同一主题内容进行解答,探讨所使用的大语言模型各自的优势和局限性。

4. 讨论大语言模型在应用过程中的局限性以及面临的挑战。

第 2 章 计算机的信息表示

2.1 实 验 目 的

(1) 掌握二进制、八进制、十进制、十六进制数之间相互转换的方法。

(2) 掌握常见进制的概念及其表示。

(3) 理解计算机文字、声音、图像等信息表示的过程。

2.2 相 关 知 识

2.2.1 数的进制

1. 进制表示

图 2-1 所示的思维导图详细阐述了计算机中常见进制的基本概念。在计算机中,一

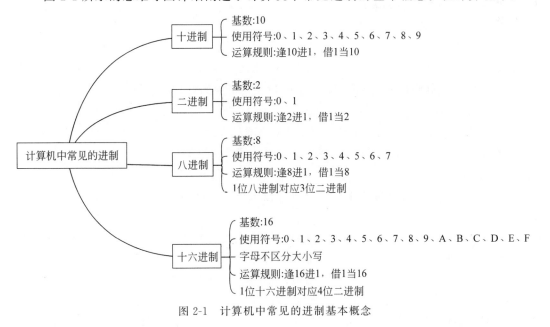

图 2-1　计算机中常见的进制基本概念

字节由 8 位(bit,b)组成,在二进制表示法中,每一位的值有两种状态:0 或者 1。当这 8 位全为 0 时,表示一字节的最小值;当这 8 位全为 1 时,表示一字节的最大值。如果用十进制表示一字节的取值范围,就是[0,255]。

2. 不同进制数的转换

在计算机科学中,数字可以表示成不同的进制数,不同进制数之间可以相互转换。表 2-1 所示为十进制数字 0～15 对应的二、八、十、十六进制数表示对照表。

表 2-1 0～15 对应的二、八、十、十六进制数表示对照表

十进制数	二进制数	八进制数	十六进制数	十进制数	二进制数	八进制数	十六进制数
0	0	0	0	8	1000	10	8
1	1	1	1	9	1001	11	9
2	10	2	2	10	1010	12	A
3	11	3	3	11	1011	13	B
4	100	4	4	12	1100	14	C
5	101	5	5	13	1101	15	D
6	110	6	6	14	1110	16	E
7	111	7	7	15	1111	17	F

2.2.2 信息在计算机中的表示

1. 文本在计算机中的表示

(1) ASCII 编码。

美国标准信息交换码(American Standard Code for Information Interchange,ASCII)码就是用 7 个二进制位来表示一个西文字符的编码,共可以表示 $2^7=128$ 种不同的西文字符。通过 ASCII 编码实现 26 个英文字母和一些常用的可打印字符等。

(2) 汉字编码。

计算机要表示汉字,就需要对汉字也进行编码。汉字数量庞大,为了能够存储汉字,就需要使用两字节(16 位二进制数)来表示汉字。根据汉字表示阶段的不同,汉字编码分为输入码、机内码和字形码等。图 2-2 所示为汉字的编码过程。

① 从键盘输入字符后,选择使用合适的输入编码方法(即输入码),向计算机输入一个汉字。

② 进入计算机内部后,编码软件将输入码转换为机内码(输入法也可能直接将输入码转换为机内码),计算机内部保存和运行的都是机内码。GBK 和 UTF-8 代表不同的字符编码标准,UTF-8 是在互联网上使用最广的一种 Unicode 的实现方式。GBK 是中国标准,只在中国使用,并没有表示大多数其他国家的编码。UTF-8 的特点就是世界通用,它是一种变长的编码方式。它可以使用 1～4 字节表示一个符号,根据不同的符号而变化

字节长度。

　　③ 当汉字要输出显示到屏幕时,就需要用到字形码,字库编码映射就是一块一块的像素拼组而成的,1 表示这里的像素需要涂上颜色,0 表示不用,从而达到输出一个汉字的目的。

　　(3) Unicode 编码。

　　为了使国际信息交流更加方便,国际组织制定了 Unicode 字符集,为各种语言中的每一个字符设定了统一并且唯一的数字编号,以满足跨语言、跨平台进行文本转换、处理的要求。在 Unicode 中,每一个字符,无论是什么语言或符号系统,都被分配了一个唯一的二进制编码。Unicode 码有 2^{16} = 65536 种表示方式,足够表达绝大部分常用的字符,Unicode 码的第 0~127 个编码字符与 ASCll 码表一模一样。Unicode 是内存编码表示方案(是规范),而 UTF 是如何保存和传输 Unicode 的方案(是实现)。

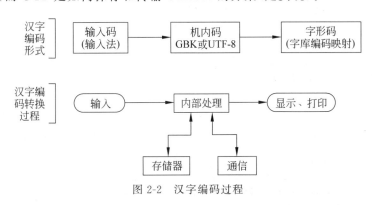

图 2-2　汉字编码过程

2. 声音在计算机中的表示

　　模拟音频技术以模拟电压的幅度表示声音强弱,以模拟电压的变化表示声音波形。模拟声音信号通过采样和量化,把模拟量表示的音频信号转换成由许多二进制数 1 和 0 组成的数据,再采用一定的格式来记录,采用一定的算法来压缩;即经过编码得到数字音频文件,保存在计算机中。

　　声音信号的数字化就是把声音的模拟信号转换为数字信号的过程。声音信息的数字化过程是:采样→量化→编码。

3. 图像在计算机中的表示

　　在计算机中,图像通常以像素的形式表示。像素是图像的最小单元,每个像素具有特定的位置和属性。常见的图像表示方式有灰度图和彩色图。灰度图使用单个数值表示图像中每个像素的亮度,将灰度图抽象成一个二维矩阵,矩阵的每个元素表示对应位置像素的灰度值,灰度值介于 0~255。彩色图像在计算机内采用 RGB 三种颜色通道表示,对于 24 位彩色图来说,24 位表示每个像素值占 24 位,RGB 三种颜色通道的每个颜色占 8 位。图像信息数字化过程是:采样→量化→编码。

2.3 实 验 范 例

2.3.1 实验 1 不同进制之间的相互转换

2-1

1. 将下列数字转换为十进制数

$(1011101)_2$ $(2613)_8$ $(3AF)_{16}$

2. 将下列数字转换为二进制数

$(26)_{10}$ $(0.3125)_{10}$ $(23.76)_8$ $(AC)_{16}$

3. 将下列二进制数分别转换为八进制数和十六进制数

$(10010.01101)_2$

2.3.2 实验 2 文字编码可视化

2-2

1. 实验步骤

(1) 用浏览器应用打开资源文件里的"文字编码可视化"网页文件,如图 2-3 所示,进入文字编码可视化主页界面。

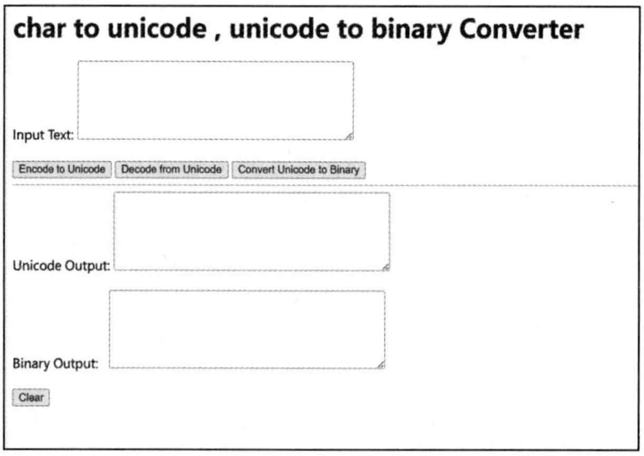

char to unicode , unicode to binary Converter

Input Text:

[Encode to Unicode] [Decode from Unicode] [Convert Unicode to Binary]

Unicode Output:

Binary Output:

[Clear]

图 2-3 文字编码主界面

(2) 在输入文字栏"Input Text"中输入一行文本信息(可包含特殊字符),如图 2-4 所示,输入文本"文字信息的表达(＊^_^＊)"。

(3) 单击 Encode to Unicode 按钮,Unicode Output 文本框中出现这段文本的 Unicode 码(用十六进制数表示),如图 2-5 所示。

(4) 单击 Encode to Binary 按钮,Binary Output 文本框中出现该段文本 Unicode 码的二进制形式,如图 2-6 所示,实现 Unicode 码十六进制形式与二进制形式之间相互转换的可视化。

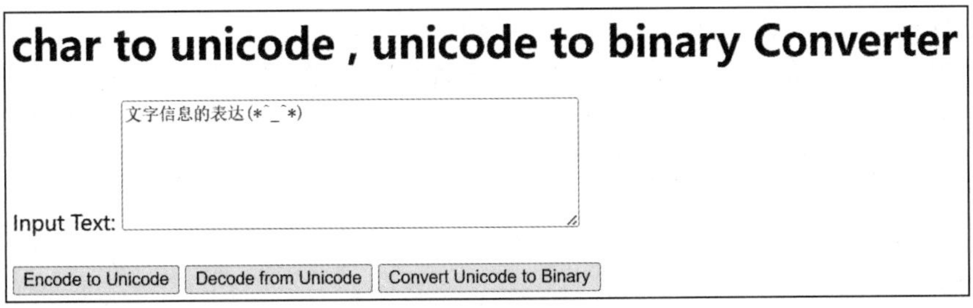

char to unicode , unicode to binary Converter

文字信息的表达(*ˆ_ˆ*)

Input Text:

[Encode to Unicode] [Decode from Unicode] [Convert Unicode to Binary]

图 2-4 输入文字

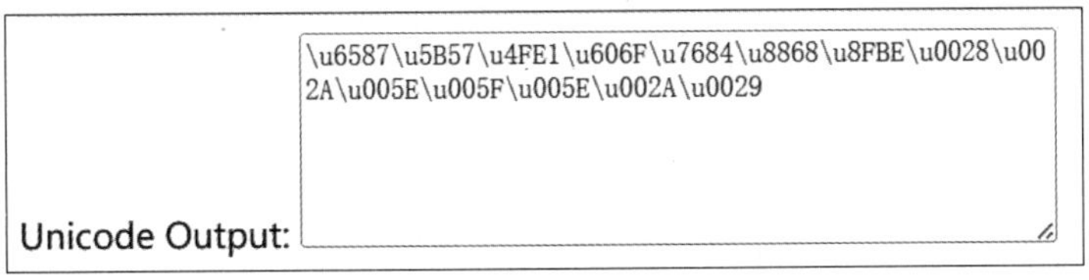

\u6587\u5B57\u4FE1\u606F\u7684\u8868\u8FBE\u0028\u00
2A\u005E\u005F\u005E\u002A\u0029

Unicode Output:

图 2-5 输入文字对应的 Unicode 码

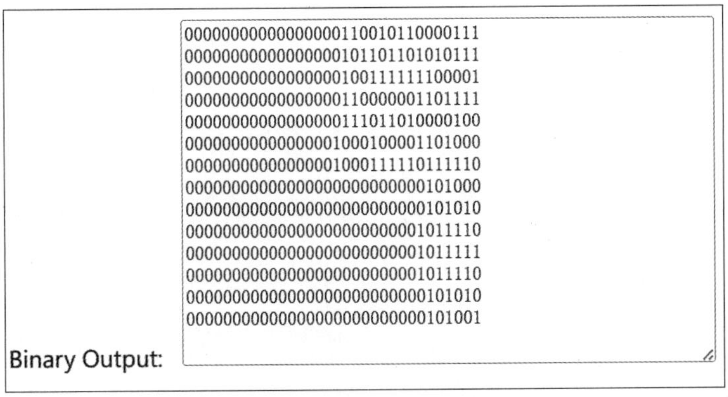

```
0000000000000000110010110000111
0000000000000000101101101010111
0000000000000000100111111100001
0000000000000000110000001101111
0000000000000000111011010000100
0000000000000001000100001101000
0000000000000001000111110111110
0000000000000000000000000101000
0000000000000000000000000101010
0000000000000000000000001011110
0000000000000000000000001011111
0000000000000000000000001011110
0000000000000000000000000101010
0000000000000000000000000101001
```

Binary Output:

图 2-6 输入文字的二进制形式

2. 实验练习

根据上述实验步骤输入任意字符测试,理解文本在计算机中转换成 Unicode 码的过程。

2.4 实 验 思 考

1. 探索生活实践中的趣味二进制问题:现有 1000 瓶药物,其中有一瓶是有毒的,老鼠只要服用任意量有毒药水,就会在一个星期内死掉。请问,在一个星期后找出有毒的药物,最少需要多少只小白鼠?请尝试使用二进制思维来解决问题,并利用二进制原理解释该解题方法。

2. 设计二进制游戏——读心术。按照如下游戏规则进行读心术游戏:

(1)让游戏者心里默想一个数字,在 0~63。

(2)依次给游戏者看 6 张卡片,每张卡片有若干数字,卡片数字如图 2-7 所示。

（3）让游戏者回答，心里默想的数字有没有在该卡片上。

（4）根据游戏者的回答，6 张牌看完，表演者推测出游戏者所想的数字，然后让游戏者说出心里默想的数。检测推测结果与游戏者心里默想的数字是否吻合。思考：探索表演者的解题思路，并能利用二进制解释该游戏原理。

1	11	21	31	41	51
3	13	23	33	43	53
5	15	25	35	45	55
7	17	27	37	47	57
9	19	29	39	49	59

(a) 卡片1

2	11	22	31	42	51
3	14	23	34	43	54
6	15	26	35	46	55
7	18	27	38	47	58
10	19	30	39	50	59

(b) 卡片2

4	13	22	31	44	53
5	14	23	36	45	54
6	15	28	37	46	55
7	20	29	38	47	60
12	21	30	39	52	*

(c) 卡片3

8	13	26	31	44	57
9	14	27	40	45	58
10	15	28	41	46	59
11	24	29	42	47	60
12	25	30	43	56	*

(d) 卡片4

16	21	26	31	52	57
17	22	27	48	53	58
18	23	28	49	54	59
19	24	29	50	55	60
20	25	30	51	56	*

(e) 卡片5

32	37	42	47	52	57
33	38	43	48	53	58
34	39	44	49	54	59
35	40	45	50	55	60
36	41	46	51	56	*

(f) 卡片6

图 2-7 读心术卡片

3. 如今，二维码应用无处不在，请结合网络资源和大语言模型探索二维码原理。

第 3 章 计算机系统

3.1 实 验 目 的

（1）认识计算机的基本结构及组成。
（2）了解微机各硬件的基本功能及安装过程。
（3）掌握操作系统的安装方法。

3.2 相 关 知 识

3.2.1 计算机硬件组成

微型计算机的硬件主要包括中央处理器（central processing unit，CPU）、内存条、硬盘、显卡、电源、主板、机箱等。以下简要介绍这些部件：

1. CPU

CPU 是计算机系统的运算和控制核心，也是信息处理、程序运行的最终执行单元。全球著名的 CPU 制造商主要为 Intel 和 AMD。Intel 占有大部分的市场份额，Intel 生产的 CPU 就成了事实上的 x86 CPU 技术规范和标准。AMD 公司提供高性能 CPU、高性能独立显卡 GPU、主板芯片组三大组件，AMD 提出 3A 平台的新标志，在笔记本领域有"AMD VISION"标志的就表示该电脑采用 3A 构建方案。在 CPU 系列中，Intel 公司的产品有酷睿 i3、i5、i7、i9 系列、奔腾双核、赛扬等型号，AMD 公司的产品有 FX 系列、翼龙Ⅱ双核系列、速龙双核系列等型号。

2. 内存条

内存条属于电子式存储设备，由电路板和芯片组成，特点是体积小、速度快、有电可存、无电清空。计算机在开机状态时，内存中可存储数据，关机后将自动清空其中的所有数据。

内存条主要有同步动态随机存储器（synchronous dynamic random access memory，SDRAM）、DDR、DDR2、DDR3、DDR4 等类型。

3. 硬盘

硬盘属于外部存储器,容量很大,一般存放需要长期保存的数据(如系统文件、数据文件等)。硬盘分为机械硬盘和固态硬盘。机械硬盘通过磁头在高速旋转的磁盘(盘片)上读写数据;固态硬盘使用闪存技术存储数据。固态硬盘相较于机械硬盘速度快、耐用性好、无噪声、能耗低,但价格较高,且写入次数有限。硬盘常见的接口类型有:电子集成驱动器(integrated drive electronics,IDE)、串行 ATA(serial ATA,SATA)。硬盘的选购应考虑个人需求、预算、硬盘的性能参数(如读写速度、容量等)和可靠性。

4. 显卡

显卡主要由显示芯片、显存、数模转换器、主板的接口等几部分组成。显卡的主要功能是将计算机中由 1 和 0 表示的二进制数据转换为图像显示出来。显卡的接口方式有加速图形端口(accelerated graphics port,AGP)和高速串行计算机扩展总线标准(peripheral component interconnect express,PCI-E)。一张显卡由 GPU、风扇、电容等部件组成,其核心部件是图形处理器(graphics processing unit,GPU),是显卡的心脏,相当于 CPU 在电脑中的作用。现在的 GPU 生产商主要有英伟达(NVIDIA)和 ATI。独立显卡通常包括 GeForce MX、GeForce GTX、GeForce RTX 或 Radeon RX 等系列。

5. 电源

电源的主要功能是将交流电(alternating current,AC)转换为计算机组件可以使用的直流电(direct current,DC),并为主板、CPU、内存、硬盘、显卡等提供所需的电压。电源是十分重要的器件,通常计算机的其他硬件都不容易坏,如果硬件损坏,多数和电源有关。电源的供电稳定与整台计算机的使用寿命直接相关,廉价的电源很容易引起计算机的其他故障。选购电源时,一是不要让计算机的实际最大使用功率超过电源额定功率的 70%,二是要单独购买口碑好、销量高的品牌电源,保证计算机的整体质量。

6. 主板

主板是计算机连接各个硬件的载体。主板一般为矩形电路板,上面安装了组成计算机的主要电路系统,一般有基本输入输出系统(basic input output system,BIOS)芯片、I/O 控制芯片、键盘和面板控制开关接口、指示灯插接件、扩充插槽、主板及插卡的直流电源供电接插件等。主板也是计算机的重要组成部分,它为 CPU、内存条、硬盘、显卡、键盘、鼠标、显示器等部件提供了一个安装平台,让这些部件连接在一起。因为要与 CPU 匹配,所以主板也分为 Intel 主板和 AMD 主板。同时由于 CPU 针脚的不同,选购主板时还要选择与 CPU 匹配的系列主板。

绝大部分主板都会集成有声卡和网卡,如果对音质没有特别要求,则不需要额外安装独立声卡。如果不需要无线上网,也不需要安装独立网卡。

7. 机箱

机箱是计算机硬件组件的物理容器,它不仅为各种组件提供了一个集中存放的空间,还承担着保护组件、辅助散热和构建内部布线等功能。

3.2.2　计算机软件组成

计算机软件系统包括所有程序、数据和文档,用于执行特定的功能和任务。计算机软件系统可以分为两大类:系统软件和应用软件。

系统软件包括操作系统(operating system,OS)、系统支撑和服务程序、数据库管理系统、语言处理程序等。

应用软件是为了帮助用户执行特定的任务而设计的程序,主要包括办公软件、图形和视频编辑软件、网络浏览器、教育软件、杀毒软件等。

3.2.3　操作系统概述

操作系统是一种系统软件,是计算机系统的大管家。它负责管理和控制计算机的硬件和软件资源,使它们能够协同工作,为用户提供高效、稳定的服务。操作系统的主要功能包括处理器管理、存储管理、设备管理、文件管理。

安装 Windows 操作系统的流程通常为:下载系统文件(镜像文件)→制作 U 盘启动盘→安装操作系统。

制作系统启动盘的工具有很多,常用的是 Rufus 和微 PE。Rufus 是一个免费、开源、小巧的 U 盘启动盘制作工具,可将 ISO 格式的系统镜像快速制作成可引导的 USB 启动安装盘。微 PE(WePE)是一个基于 Windows PE(Windows preinstallation environment,Windows 预安装环境)构建的系统维护工具,提供了实用的硬盘分区、数据恢复、系统安装等工具。Rufus 专注于制作启动 U 盘,而微 PE 还能实现系统维护和故障排除等。

3.3　实　验　范　例

3.3.1　实验 1　计算机硬件组装

3-1

计算机硬件的组装需按照一定的流程进行,否则可能出现一些故障。硬件组装流程可以参考以下步骤:

(1) 准备工具和配件。首先,准备好螺丝刀、防静电手环等组装工具,以及所需的计算机部件,包括 CPU、主板、内存条、硬盘、电源、显卡、散热器、机箱等。

(2) 安装 CPU。打开主板的 CPU 插槽保护盖,将 CPU 的缺口对准主板 CPU 插槽的缺口,轻轻地将 CPU 放入插槽中。然后轻轻按下 CPU,以确保它完全固定在插槽中。

(3) 安装内存。找到主板上的内存插槽,将内存条金手指缺口对准插槽缺口,垂直插入插槽中,用力压紧。

(4) 安装主板。将主板平稳地放入机箱中,对准机箱上的螺丝孔,用螺丝刀固定主板。

（5）安装硬盘、显卡、电源。打开机箱的硬盘位，将硬盘固定到硬盘位上，并用螺丝固定。找到主板上的 PCI-E 插槽，将显卡金手指缺口对准插槽缺口，垂直插入插槽中，用力压紧。将电源放入机箱的电源位，用螺丝固定。

（6）安装散热器。将散热器对准 CPU 上的接口，固定好散热器，并连接散热器的电源线。

（7）连接机箱内部线路。包括电源线、数据线等，确保每个部件都正确连接。

（8）安装机箱侧板。将机箱的侧板对准机箱，用螺丝固定。

（9）连接显示器、键盘和鼠标。将显示器、键盘和鼠标连接到计算机主机上。

（10）开机测试。在确认所有部件都已正确安装并连接后，接通电源，按下机箱上的开机按钮，检查计算机是否能正常启动。

注意，在实际组装过程中要小心操作，避免损坏配件。组装完成后，需要安装操作系统和驱动程序，才能使计算机正常使用。

3-2

3.3.2　实验 2　安装操作系统

本实验主要以安装 Windows 10 操作系统为例。首先，通过官方网站下载 Windows 10 操作系统正版软件镜像，准备一个大容量的空白 U 盘。

1. Rufus 工具箱制作 U 盘启动盘

（1）下载 Rufus 工具，以管理员身份运行 Rufus，如图 3-1 所示。

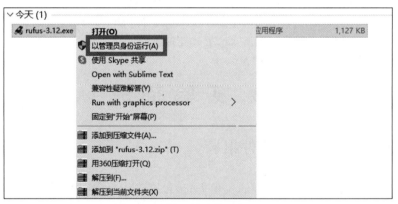

图 3-1　以管理员身份运行 Rufus

（2）插入准备好的 U 盘，如图 3-2 所示，在"设备选项"→"引导类型选择"处选择下载好的 Windows 操作系统镜像文件，在"设备选项"→"分区类型"处选择"GPT"格式。如图 3-3 所示，在"格式化选项"→"文件类型"处选择"FAT32（默认）"。设置完成后，单击"开始"按钮进入制作。

（3）若出现"警告"窗口，如图 3-4 和图 3-5 所示，单击"确定"按钮，U 盘即被格式化。显示图 3-6 所示的文件制作状态窗口，需要等待一定时间，直到 U 盘启动盘制作完成。

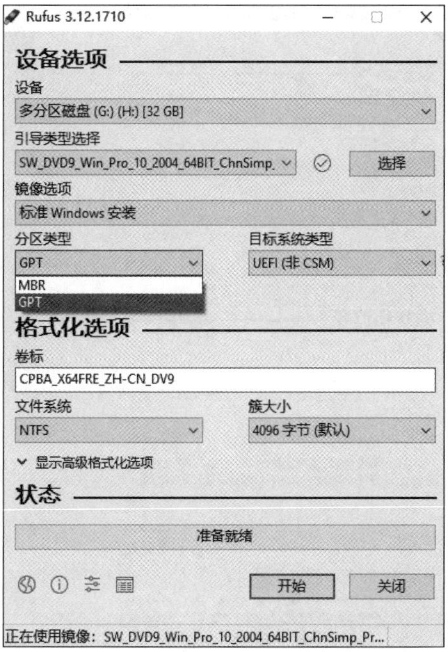

图 3-2 选择分区类型

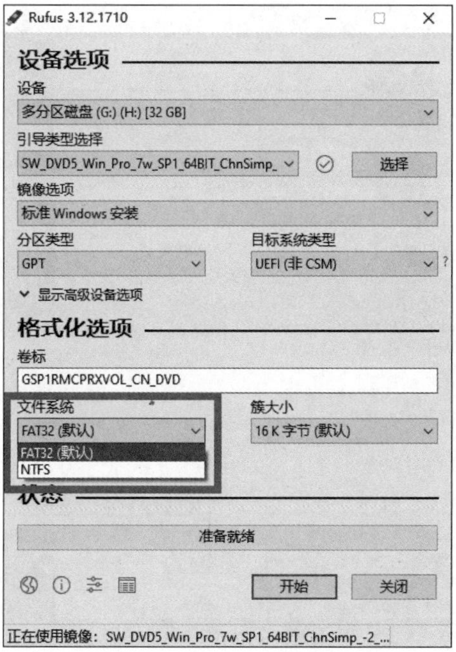

图 3-3 选择文件系统

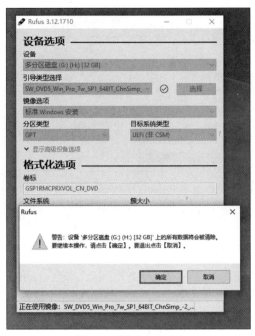

图 3-4 "警告"窗口 1

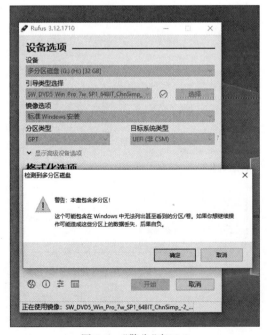

图 3-5 "警告"窗口 2

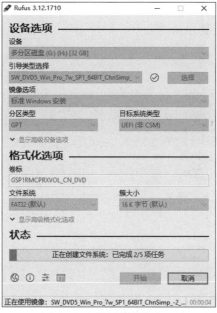

图 3-6　文件制作状态窗口

2. Windows 安装过程

（1）将制作好的 U 盘启动盘插到计算机上，再重启，长按键盘上的 F12 键（开机启动项的快捷键），选择启动项（注：开机启动项的快捷键因计算机品牌会有所不同，请搜索查询计算机品牌或主板品牌所设置的开机启动项的快捷键，对应按下，才能出现启动项选项窗口），选择 U 盘启动盘选项启动（有的品牌表示为 UEFI 开头的启动方式），按回车键。

（2）计算机自动加载 U 盘里的镜像文件，启动 Windows 的安装程序。如图 3-7 所示，单击"自定义安装"方式。

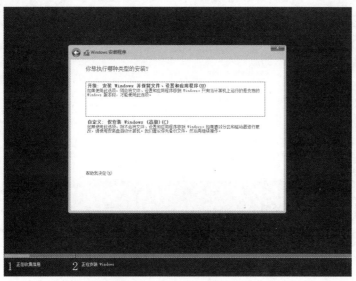

图 3-7　安装类型选择窗口

（3）在如图 3-8 所示的操作系统安装位置选择窗口选择"格式化"，格式化磁盘上原有的操作系统，然后继续安装在此磁盘上。如果是新的硬盘，可以通过新建分区来进行，建议 C 盘设置大小为 50GB 以上，继续选中刚才设置的这个 C 盘，单击"下一步"按钮，即可开始安装。

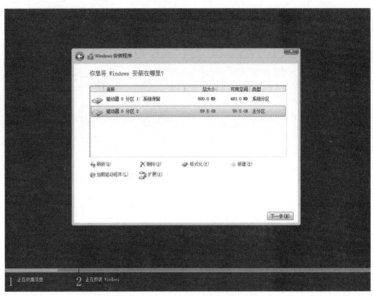

图 3-8　安装位置选择窗口

（4）如图 3-9 所示，进入准备安装窗口，安装时间由硬盘性能决定，一般是十分钟左右，安装完毕后会自动重启系统，此时可以拔掉 U 盘启动盘。

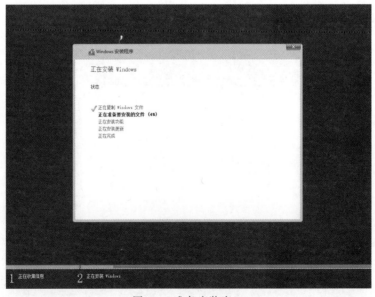

图 3-9　准备安装窗口

（5）计算机重启后，如图 3-10 所示，会自动进行部分系统的启动及服务准备工作，可能中间会多次重启，一直等待进入个性化设置界面，进行个性化设置。

图 3-10 系统启动和服务界面

（6）安装完成后，计算机自动显示图 3-11 所示的计算机桌面。

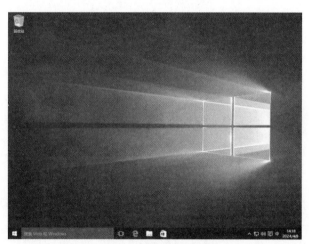

图 3-11 计算机桌面

3. 微 PE 工具箱安装 Windows 过程

微 PE 工具箱安装 Windows 的主要过程如下。

下载"微 PE 工具箱"→通过工具箱制作 U 盘启动盘→将安装的操作系统镜像文件拷贝到 U 盘中→使用 WePE 安装操作系统。

3-3

（1）U 盘启动盘制作。

① 以管理员身份运行已下载好的微 PE 工具。如图 3-12 所示，选择"安装 PE 到 U盘"的安装方式。

② 如图 3-13 所示，进入安装界面，选择磁盘格式为 NTFS(为确保安全，请确认插入 U 盘

图 3-12　安装 PE 到 U 盘

是空白 U 盘,以防资料丢失)。设置完毕后,单击"立即安装进 U 盘"按钮,开始制作启动盘。

图 3-13　选择磁盘格式为 NTFS

③ 等待一段时间,出现图 3-14 所示的安装完成提示界面,U 盘启动盘安装完成。

图 3-14　PE 工具箱安装完成提示界面

（2）制作完成后，将已下载好的操作系统镜像文件拷贝到 U 盘中。

（3）使用微 PE 工具箱安装操作系统。

① 将制作好的 U 盘启动盘插入计算机后再开机，长按计算机启动热键，选择启动项，选择从 U 盘启动。

② 进入微 PE 界面。如图 3-15 所示，如果要全盘重新分区，双击桌面上的"CGI 备份还原"图标，进入安装界面。

图 3-15　选择"CGI 备份还原"

③ 如图 3-16 所示，在"CGI 备份还原"窗口中选择"操作分区"→"还原分区"，选中需要还原的分区（安装系统之前请确认安装前 C 盘大小，根据磁盘大小确认是否需要还原分区）。单击"选择镜像文件"按钮，找到镜像文件的存放路径。

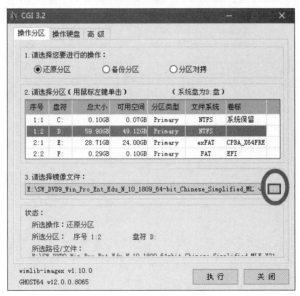

图 3-16　设置"还原分区"

④ 如图 3-17 所示,选择之前放置的系统镜像文件,单击"打开"按钮,准备安装。

图 3-17　打开镜像文件

⑤ 如图 3-18 所示,选择需要安装的版本,单击"确定"按钮。再单击"执行"按钮。

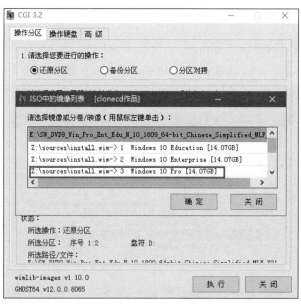

图 3-18　选择安装版本

⑥ 如图 3-19 所示,进入还原分区窗口。默认其他选项,勾选"重启"选项,等待还原完成。还原完成后,会自动重启进入操作系统安装界面。注意:所有数据加载完之前,U盘不能拔出,开始重启时,一定要拔掉 U 盘。

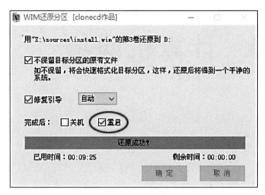

图 3-19 还原状态界面

3.4 实验思考

1. 单击桌面上的"开始"按钮,选择"运行"(或者按下 Win＋R 键),在输入框中输入 cmd,按回车键,再输入 systeminfo,即可查看计算机的一些配置信息,请结合配置信息分析该计算机的配置和功能。

2. 你在使用计算机的过程中会遇到什么问题呢? 结合生活实际,并且利用大语言模型给出的参考信息整理一份关于计算机故障判断特征以及解决方案的思维导图。

第 **4** 章　计算机网络

4.1　实　验　目　的

（1）掌握利用 ipconfig 命令识别网络连接,获得 IP（internet protocol）地址、MAC（media access control）地址等网络配置信息的方法。

（2）掌握 ping 命令,掌握利用 ping 命令测试网络连通性的方法。

（3）了解 IPv4 地址子网划分的方法。

（4）了解华为企业网络仿真平台 eNSP（enterprise network simulation platform）软件的安装、启动和使用方法。

（5）了解利用 eNSP 创建网络拓扑的方法。

（6）了解交换机的基本配置命令。

4.2　相　关　知　识

4.2.1　网络常用命令

1. ipconfig 命令

ipconfig 是 Windows 的一个控制台应用程序,需要从 Windows 命令窗口运行。ipconfig 命令用于显示网络的基本配置信息。ipconfig 的命令格式为: ipconfig[options]。

ipconfig 的常用选项和参数如表 4-1 所示。

表 4-1　ipconfig 的常用选项和参数

选项和参数	说　　明
/?	显示帮助,系统将显示所支持的选项和参数
/all	显示所有配置信息
/release	释放所有网络适配器连接的 IPv4 地址
/renew	更新所有网络适配器连接的 IPv4 地址

续表

选项和参数	说　明
/flushdns	删除或刷新本地 DNS 缓存内容
/displaydns	显示本地 DNS 缓存内容

2. ping 命令

ping 命令用来检查 TCP/IP(transmission control protocol/internet protocol)网络是否通畅或者网络连接的速度。如果 ping 成功,即收到了应答,且分组无丢失或丢失率很低,说明网络连接配置正确,网络连通,主机工作且可达,域名解析工作正常。如果 ping 失败(例如超时、分组丢失比较多等情况),则说明网络连接存在问题,需要进一步测试,并分析失败的原因。

ping 的命令格式为:ping [-t][-a]target_name。

4.2.2　IPv4 地址的结构

为了便于寻址及层次化构造网络,IPv4 地址被分成网络 ID(网络位)和主机 ID(主机位)两部分。其中网络位占据 IP 地址的高位(左侧),代表 IP 地址所属的网段;主机位占据 IP 地址的低位(右侧),代表网段中的某个节点,同一网络(网段)中所有主机的网络位相同,但主机位不同。

假设 IP 地址中的网络占据 M 位,主机占据 N 位($M+N=32$),则网络个数为 2^M,每个网络中可容纳的主机数(可用 IP 地址数)为 2^N-2(网络地址和广播地址不能分配给主机使用,故减去 2),如图 4-1 所示。

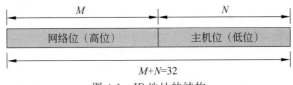

图 4-1　IP 地址的结构

1. IP 地址的分类

IP 地址分为 A、B、C、D、E 五类。其中,A、B、C 三类 IP 地址可以分配给主机使用,D类地址用于组播,而 E 类地址为将来使用保留,如图 4-2 所示。

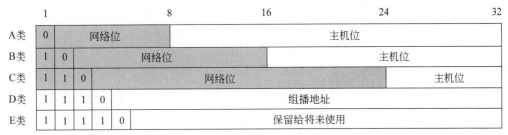

图 4-2　IP 地址的分类

2. 公有地址与私有地址

公有地址是可以直接在 Internet 上使用的 IP 地址，每个公有地址全球唯一，由互联网名称与数字地址分配机构（The Internet Corporation for Assigned Names and Numbers，ICANN）负责分配给互联网服务提供商（internet service provider，ISP），企业或个人可向 ISP 付费使用公有地址。私有地址是无须申请即可免费使用的 IP 地址，专门为组织机构内部使用。私有 IP 地址可被任何组织机构任意使用，但只能用于局域网内部计算机之间的通信，不能够通过该地址直接访问 Internet。以下列出留用的内部私有地址：

A 类：10.0.0.0～10.255.255.255。

B 类：172.16.0.0～172.31.255.255。

C 类：192.168.0.0～192.168.255.255。

3. 子网掩码的定义

子网掩码（subnet mask）用来指明一个 IP 地址的哪些位是网络位，哪些位是主机位。子网掩码的形式和 IP 地址一样，长度是 32 位，由若干个连续的二进制"1"后跟若干个连续的二进制"0"组成。子网掩码中值为"1"的部分代表 IP 地址中对应的是网络位，为"0"的部分代表 IP 地址中对应的是主机位。也就是说，子网掩码中有多少个"1"，IP 地址中网络位就占据多少位；有多少个"0"，IP 地址中主机位就占据多少位。

子网掩码不能单独存在，它必须结合 IP 地址一起使用。将子网掩码和 IP 地址逐位进行二进制"与"运算，所得的结果便是该 IP 地址所在网络的网络号，如图 4-3 所示。

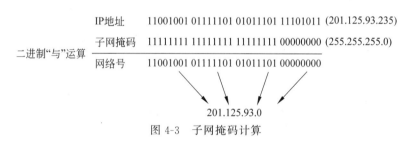

图 4-3　子网掩码计算

事实上，每个 IP 地址都必须有子网掩码，A、B、C 三类 IP 地址都有其默认的子网掩码（也称为"自然掩码"）。A 类 IP 地址网络占据 8 位，所以其默认子网掩码为/8（即 255.0.0.0）；B 类 IP 地址网络占据 16 位，所以其默认子网掩码为/16（即 255.255.0.0）；C 类 IP 地址网络占据 24 位，所以其默认子网掩码为/24（即 255.255.255.0）。

4.2.3　子网划分的原理

子网划分是指将一个大的网络分割成多个小的网络，目的是提高 IP 地址的利用率，节约 IP 地址。如图 4-4 所示，子网划分的方法是从 IP 地址的主机位借用若干位作为子网地址（子网号），借位使得原 IP 地址的结构由网络位和主机位两部分变成了三部分，即网络位、子网位和主机位。划分子网后，网络位长度增加，相应的网络个数增加；主机位长度减少，每个网络中的可容纳主机数（可用 IP 地址数）减少。

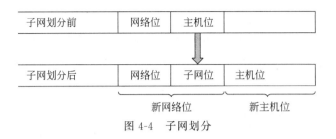

图 4-4　子网划分

4.2.4　网络拓扑结构

常见的局域网拓扑结构类型有总线型、环状、星状和树状等,其中星状、树状拓扑结构是目前组建局域网时最常使用的结构。

星状拓扑结构是通过中央节点(如交换机)连接其他节点而构成的网络。如图 4-5 所示是星状拓扑结构。

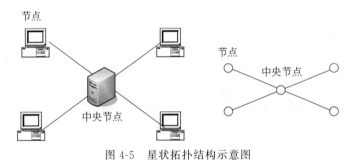

图 4-5　星状拓扑结构示意图

树状拓扑结构的网络节点呈树状排列,形状像一棵树。它有一个带分支的根,每个分支还可延伸出子分支。如图 4-6 所示是树状拓扑结构。

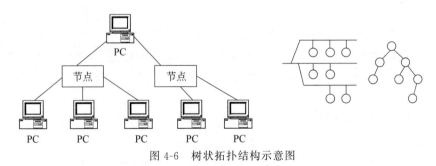

图 4-6　树状拓扑结构示意图

4.2.5　组网常用设备

1. 路由器

路由器(router)是网络互联的核心设备,它可以将两个不同类型的网络连接在一起,连接成更大的网络,成为互联网的一部分,如图 4-7 所示为盒式路由器。

路由器的主要功能是路由选择和数据包转发,它可以根据通信链路的情况自动选择一条最优路径,并将数据包从一个网络转发至另一个网络。从硬件上看,路由器的端口比交换机的端口要少得多,但端口种类更丰富,可以支持各种类型的局域网和广域网连接。

路由器属于三层设备,可以连接相同类型或不同类型的网络,根据 IP 地址在不同网段之间转发数据。而交换机属于二层设备,它只能在同一网段内根据 MAC 地址转发数据。

2. 交换机

交换机(switch)是局域网内的主要连接设备,它具有高密度的端口,主要作用是将大量终端设备(如计算机、打印机等)接入网络,并在不同终端之间转发数据。交换机可以读取数据帧中的 MAC 地址信息,并根据目的 MAC 地址将数据帧从交换机的一个端口转发至另一个端口,同时,交换机会将数据帧中的源 MAC 地址与对应的端口关联起来,在内部自动生成一张 MAC 地址表。所谓的"交换",就是交换机根据 MAC 地址表,将数据帧从一个端口转发至另一个端口的过程,如图 4-8 所示为盒式交换机。

图 4-7　盒式路由器

图 4-8　盒式交换机

4.2.6　网络仿真平台

eNSP 是一款由华为公司提供的免费的、可扩展的、图形化的网络仿真平台,实现对华为企业路由器、交换机、防火墙等网络设备的软件仿真,并支持大型网络模拟。它提供便捷的图形化操作界面,让复杂的组网操作变得简单,通过拖曳设备图标和连接线来快速创建网格拓扑结构,支持拓扑的修改、删除、保存等操作,同时还预置了大量工程案例,可直接打开演练学习。

在 eNSP 中,路由器配置的常用命令如表 4-2 所示。

表 4-2　路由器配置的常用命令

命　令	说　明
sys	进入系统视图
interface 接口号	进入某个接口,进行配置
ip address IP 地址+子网掩码	路由器 IP 地址配置
display ip interface brief	看接口与 IP 相关的配置和统计信息

命 令	说 明
dis ip routing-table	查看 IP 路由表
rip	设置动态路由
version 2	设置 rip 版本
network 10.0.0.0	设置交换路由网络
quit	退出系统视图

4.3 实 验 范 例

4.3.1 实验 1 常用命令实践

1. 使用 ipconfig 命令查看网络配置信息

按下 Win+R 键打开运行界面,在输入框中输入 cmd,打开 Windows 命令窗口,输入 ipconfig 命令,如图 4-9 所示,查看该计算机的网络配置信息。

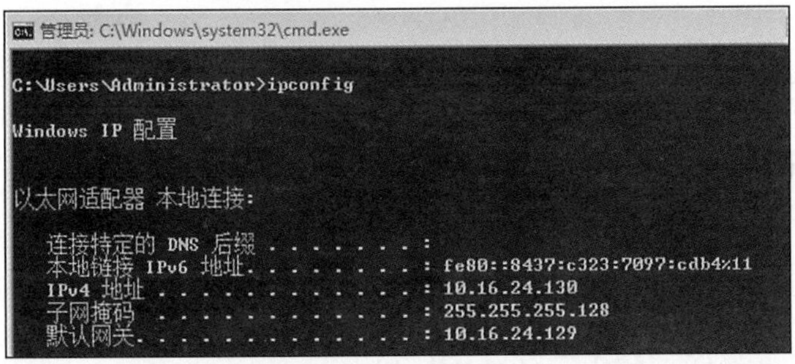

图 4-9 ipconfig 命令

如图 4-10 所示,使用 ipconfig/all 命令查看该计算机更多的网络配置信息。

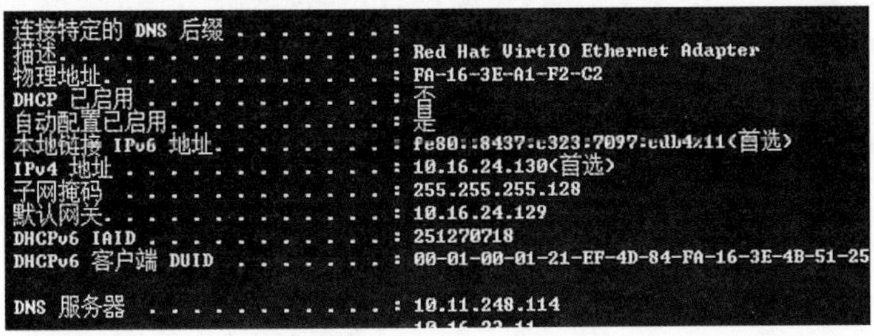

图 4-10 ipconfig/all 命令

实验思考:你所使用计算机的网络配置信息是什么? 请将结果填入表 4-3 中。

表 4-3　计算机的网络配置信息

物理地址	
IPV4 地址	
子网掩码	
默认网关	
MAC 地址	
IPv6 地址	
DNS 服务器	
DHCP 服务器	

2. 使用 ping 命令查看学校主页(www.zstu.edu.cn)服务器的连通情况

如图 4-11 所示,查看学校服务器的网址以及 ping 命令结果,并说明属于哪类 IP 地址。尝试 ping 多个网址,将结果填入表 4-4 中。

图 4-11　ping 命令测试

表 4-4　主机名及其 IP 地址

主机名或网站域名	IP 地址	哪类 IP 地址

4.3.2　实验 2　网络仿真平台实验

4-1

1. 安装和启动 eNSP

(1) 通过资源文件下载给定的 eNSP 软件,并将其解压到指定目录,双击 eNSP_Setup.exe 图标,开始安装 eNSP。按照向导的提示操作。

(2) 安装成功后,双击 eNSP 图标,打开 eNSP 软件,进入 eNSP 主界面,如图 4-12 所示。可按 F1 键,或在主界面中选择"学习"栏目下的相关选项,打开 eNSP 帮助。根据 eNSP 帮助给出的提示操作,保证 eNSP 中的所有设备都能正确启动。

(3) 单击"新建拓扑"选项,如图 4-13 所示,进入 eNSP 主界面。其中,2 是"工具栏",3 是"网络设备区",4 是"工作区"。各部分功能如下。

- 工具栏:提供常用的工具,如新建拓扑、打印等。
- 工作区:提供设备和网线,供选择到工作区。
- 网络设备区:在此区域创建网络拓扑。

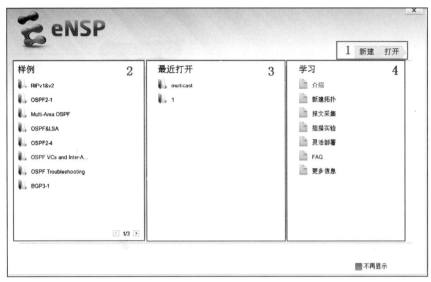

图 4-12 eNSP 初始界面

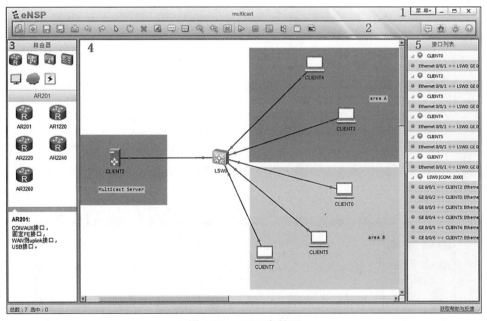

图 4-13 eNSP 主界面

2. 简单交换式以太网的实现

1) 实验题目

4-2

某学校需要将多个计算机机房的计算机互联在一起,该学校决定组建一个交换式以太网(交换式以太网是以以太网交换机为中心,采用星状拓扑的以太网),使用 1 台型号为 S3700 的交换机 LSW1 将计算机互联在一起,其中的 2 台 PC(个人计算机)分别连接在交换机的千兆位以太网端口 GE 0/0/1 和 0/0/2 上。

2 台 PC 的 IPv4 地址和子网掩码定义如表 4-5 所示。

表 4-5 2 台 PC 的 IPv4 地址和子网掩码定义

PC	IPv4 地址	子 网 掩 码
PC1	192.168.1.100	255.255.255.255.0
PC2	192.168.1.101	255.255.255.255.0

2) 实验步骤

(1) 打开 eNSP,如图 4-14 所示,单击"新建拓扑"选项。

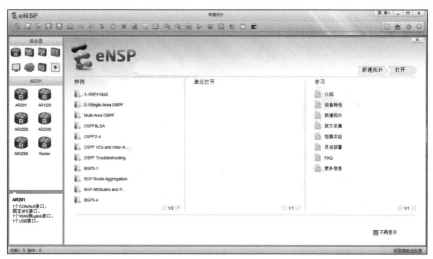

图 4-14 新建拓扑

(2) 如图 4-15 所示,在空白工作区中添加一台型号为 S3700 的交换机、两台 PC。

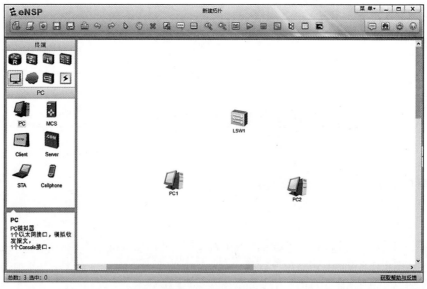

图 4-15 添加设备

（3）如图 4-16 所示，使用 Auto 自动连线将两台计算机与交换机相连。

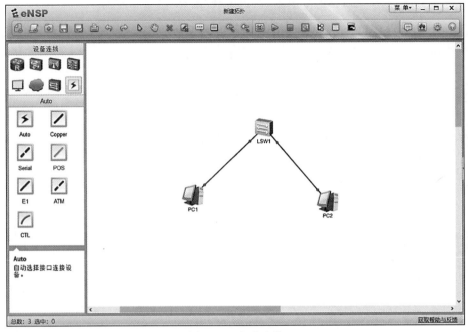

图 4-16 自动连线

（4）选中要启动的设备，单击"开启设备"按钮 ▷，开启设备，如图 4-17 所示。

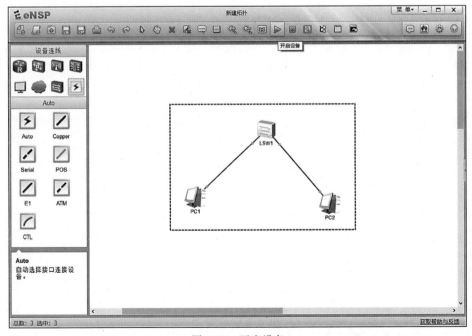

图 4-17 开启设备

（5）给计算机分配 IP 地址。分别单击 PC1、PC2，进入 PC 的配置界面，如图 4-18 和图 4-19 所示，填写 PC1、PC2 的配置参数，单击"应用"按钮完成配置。

图 4-18　配置 PC1 的 IPv4 地址

图 4-19　配置 PC2 的 IPv4 地址

（6）测试连通性。分别双击 PC1 和 PC2，在弹出的配置窗口中选中"命令行"标签。如图 4-20 所示，在命令行中使用 ping 命令查看两台计算机是否连通。

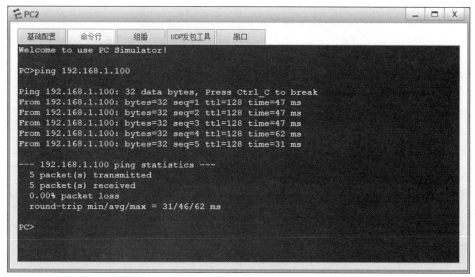

图 4-20　连通测试

实验思考：

从图 4-20 所示连通测试结果分析，PC1 能 ping 通 PC2 吗？ 如果不能 ping 通，会有什么提示，可能是什么原因导致的？

3. 校区新建机房仿真

4-3

1）实验题目

某学校要新建两个实验室机房，每个机房有 80 台 PC，要求每个机房是一个局域网，两个机房互不干扰，表 4-6 所示为信息中心对两个机房的 IPv4 地址分配信息。各使用 1 台型号为 S5700 的交换机将一个机房的所有 PC 互联在一起，使用 1 台型号为 AR2220 的路由器将两台交换机互联，实现两个机房之间在需要的情况下可以相互通信。

表 4-6　两个机房的 IPv4 地址分配信息

PC	IPv4 地址	子 网 掩 码	默 认 网 关
机房 1PC	10.16.20.1～10.16.20.80	255.255.255.128	10.16.20.126
机房 2PC	10.16.20.130～10.16.20.210	255.255.255.128	10.16.20.254

2）实验步骤

（1）打开 eNSP 软件，单击"新建拓扑"选项。

（2）添加一台型号为 AR2220 的路由器、两台型号为 S5700 的交换机，每一台交换机下先连接两台 PC（每个实验室选取两台 PC 作为样例，其余 78 台 PC 按照样例操作即可），使用 Auto 自动连线连接设备，构建图 4-21 所示的拓扑结构。

（3）如图 4-22 所示，选中所有设备，并开启设备。

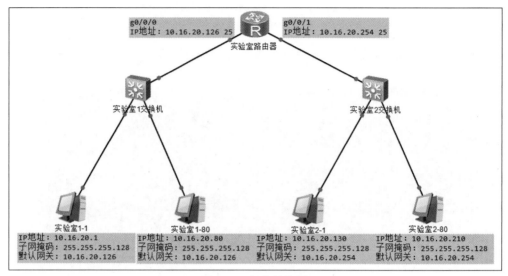

图 4-21　拓扑结构图

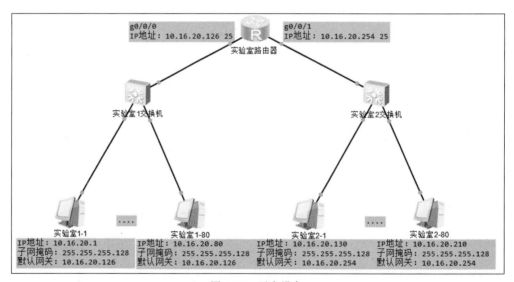

图 4-22　开启设备

（4）对 PC 和路由器进行配置。

① PC 配置。如图 4-23 所示，双击要配置的 PC，选择基础配置菜单，按照文本标识，参考表 4-6 所给的信息进行配置，单击"应用"按钮。按照这个步骤完成其他所有 PC 配置。

② 路由器配置。在该实验中，路由器配置命令以及命令含义如表 4-7 所示。

③ 如图 4-24 所示，双击路由器，进入路由器配置界面，进行配置。

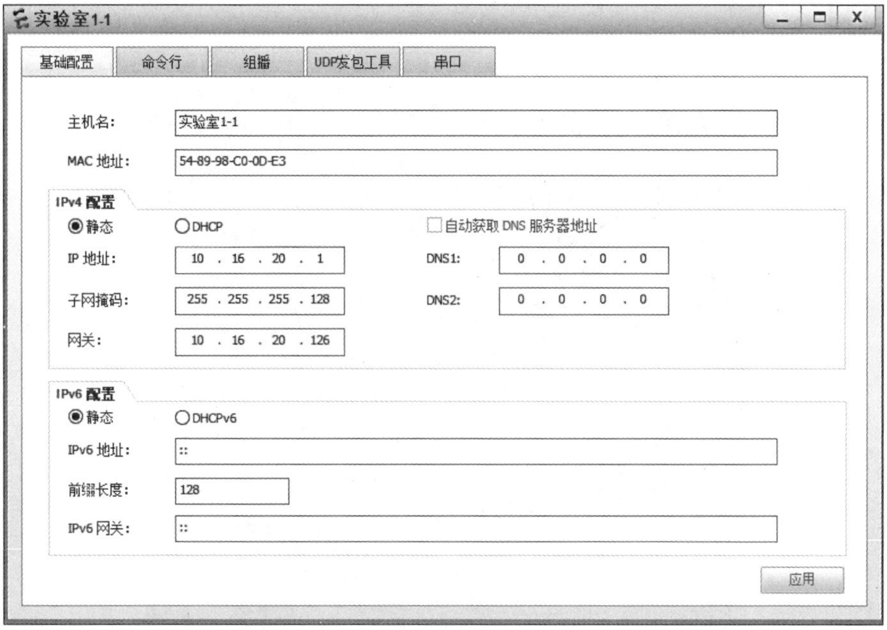
实验室1-1
基础配置
命令行
组播
UDP发包工具
串口
主机名:
实验室1-1
MAC 地址:
54-89-98-C0-0D-E3
IPv4 配置
静态
DHCP
自动获取 DNS 服务器地址
IP 地址:
10 . 16 . 20 . 1
DNS1:
0 . 0 . 0 . 0
子网掩码:
255 . 255 . 255 . 128
DNS2:
0 . 0 . 0 . 0
网关:
10 . 16 . 20 . 126
IPv6 配置
静态
DHCPv6
IPv6 地址:
::
前缀长度:
128
IPv6 网关:
::
应用

图 4-23　配置 IP

表 4-7　路由器配置命令以及命令含义

配 置 命 令	命 令 含 义
sys	进入系统视图
interface g0/0/0	选择 g0/0/0/端口配置
ip add 10.16.20.126 25	对端口 g0/0/0 进行 IP 配置
interface g0/0/1	选择 g0/0/1/端口配置
ip add 10.16.20.126 25	对端口 g0/0/1 进行 IP 配置
quit	退出系统视图

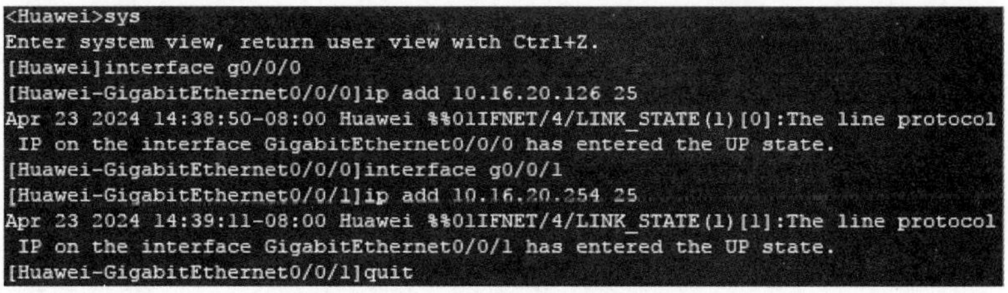
<Huawei>sys
Enter system view, return user view with Ctrl+Z.
[Huawei]interface g0/0/0
[Huawei-GigabitEthernet0/0/0]ip add 10.16.20.126 25
Apr 23 2024 14:38:50-08:00 Huawei %%01IFNET/4/LINK_STATE(l)[0]:The line protocol
IP on the interface GigabitEthernet0/0/0 has entered the UP state.
[Huawei-GigabitEthernet0/0/0]interface g0/0/1
[Huawei-GigabitEthernet0/0/1]ip add 10.16.20.254 25
Apr 23 2024 14:39:11-08:00 Huawei %%01IFNET/4/LINK_STATE(l)[1]:The line protocol
IP on the interface GigabitEthernet0/0/1 has entered the UP state.
[Huawei-GigabitEthernet0/0/1]quit

图 4-24　路由器配置

(5) 测试。

测试实验室 1-1PC 与实验室 1-80PC 以及实验室 1-1PC 与实验室 2-1PC 的连通性。双击实验室 1-1PC，选择命令行，如图 4-25 所示，输入命令 ping 10.16.20.80（实验室

1-80PC 的 IP 地址),查看测试结果。输入命令 ping 10.16.20.130(实验室 2-1PC 的 IP 地址),查看测试结果。

```
PC>ping 10.16.20.80

Ping 10.16.20.80: 32 data bytes, Press Ctrl_C to break
From 10.16.20.80: bytes=32 seq=1 ttl=128 time=31 ms
From 10.16.20.80: bytes=32 seq=2 ttl=128 time=31 ms
From 10.16.20.80: bytes=32 seq=3 ttl=128 time=47 ms
From 10.16.20.80: bytes=32 seq=4 ttl=128 time=31 ms
From 10.16.20.80: bytes=32 seq=5 ttl=128 time=32 ms

--- 10.16.20.80 ping statistics ---
 5 packet(s) transmitted
 5 packet(s) received
 0.00% packet loss
 round-trip min/avg/max = 31/34/47 ms

PC>ping 10.16.20.130

Ping 10.16.20.130: 32 data bytes, Press Ctrl_C to break
Request timeout!
From 10.16.20.130: bytes=32 seq=2 ttl=127 time=94 ms
From 10.16.20.130: bytes=32 seq=3 ttl=127 time=63 ms
From 10.16.20.130: bytes=32 seq=4 ttl=127 time=78 ms
From 10.16.20.130: bytes=32 seq=5 ttl=127 time=62 ms

--- 10.16.20.130 ping statistics ---
 5 packet(s) transmitted
 4 packet(s) received
 20.00% packet loss
 round-trip min/avg/max = 0/74/94 ms
```

图 4-25　连通测试

4.4　实　验　思　考

1. 假设有 5 个 IPv4 地址如下。A：131.107.256.80,B：231.222.0.11,C：126.1.0.0,D：198.121.254.255,E：202.117.34.32,找出不能分配给主机的 IPv4 地址,并说明原因。

2. 某一个网络地址 192.168.100.0 中有 5 台主机 A、B、C、D、E,表 4-8 所示为 5 台主机的 IPv4 地址及子网掩码信息。

表 4-8　5 台主机的 IPv4 地址及子网掩码

主　机	IPv4 地址	子 网 掩 码
A	192.168.100.18	255.255.255.240
B	192.168.100.146	255.255.255.240
C	192.168.100.158	255.255.255.240
D	192.168.100.162	255.255.255.240
E	192.168.100.173	255.255.255.240

(1) 5 台主机 A、B、C、D、E 哪几个主机位于同一网段?

(2) 假如有第 6 台主机 F,使它能和主机 A 位于同一网段,则主机 F 的 IP 范围是多少?

3. 现需要对一个局域网进行子网划分,其中,第一个子网包含 1100 台计算机,第二个子网包含 800 台计算机,第三个子网包含 28 台计算机。如果分配给该局域网一个 B 类地址 169.78.0.0,请写出 IPv4 地址的分配方案,并填写表 4-9。

表 4-9　IP 地址分配方案

子　网　号	子网掩码(用二进制表示)	最小 IP 地址	最大 IP 地址

4. 某学校有 A 校区和 B 校区,假期期间要对两校区进行机房建设,利用 eNSP 模拟仿真两校区机房网络结构,要求如下。

A 校区分配的网络号为 10.16.23.0/24,B 校区的网络号是 10.16.20.0/24,每个机房使用独立的子网段,如表 4-10 和表 4-11 所示。

表 4-10　A 校区机房

	A1 号机房	A2 号机房
IP 地址范围	10.16.23.1～10.16.23.126	10.16.23.129～10.16.23.254
子网掩码	255.255.255.128	255.255.255.128
网关	10.16.23.126	10.16.23.254

表 4-11　B 校区机房

	B1 号机房	B2 号机房
IP 地址范围	10.16.20.1～10.16.20.126	10.16.20.129～10.16.20.254
子网掩码	255.255.255.128	255.255.255.128
网关	10.16.20.126	10.16.20.254

A 校区路由器设置如下。

① 接口 0:IP 地址 10.16.23.126/25,负责与 A1 号机房交换机相连。

② 接口 1:IP 地址 10.16.23.254/25,负责与 A2 号机房交换机相连。

③ 接口 2:IP 地址 10.16.21.3/24,负责与学校路由器相连接。

B 校区路由器设置如下。

① 接口 0:IP 地址 10.16.20.126/25,负责与 B1 号机房交换机相连。

② 接口 1:IP 地址 10.16.20.254/25,负责与 B2 号机房交换机相连。

③ 接口 2:IP 地址 10.16.22.3/24,负责与学校路由器相连接。

学校路由器设置如下。

① 接口 0：IP 地址 10.16.21.4/24,负责与 A 校区路由器相连。

② 接口 1：IP 地址 10.16.22.4/24,负责与 B 校区路由器相连。

测试：

① 测试 A1 机房 PC1 与 A2 号 PC1 的连通性,并截图说明测试过程。

② 测试 A1 机房 PC1 与 B1 机房的 PC1 和 B2 机房 PC1 的连通性,并截图说明测试过程。如果测试过程中有不连通的情况,请说明解决思路,并截图表示解决过程。

第 5 章 高级办公软件应用

5.1 实验目的

（1）掌握 Word 长文档排版的基本排版技巧，包括创建和应用样式、设置页眉页脚、插入目录、页眉页脚等。

（2）掌握 Excel 数据处理的基本方法，包括数据编辑，数据的排序、筛选和分类汇总，数据计算和分析等。

（3）掌握 PPT 演示文稿设计的基本方法，包括幻灯片的创建、设计、动画插入、放映等。

5.2 相关知识

NCR-中国教育考试网发布的全国计算机等级考试二级 MS Office 高级应用与设计考试内容（2023 年版）的考试大纲如下。

1. Microsoft Office 应用基础

（1）Office 应用界面使用和功能设置。

（2）Office 各模块之间的信息共享。

2. Word 的功能和使用

（1）Word 的基本功能，文档的创建、编辑、保存、打印和保护等基本操作。

（2）设置字体和段落格式、应用文档样式和主题、调整页面布局等排版操作。

（3）文档中表格的制作与编辑。

（4）文档中图形、图像（片）对象的编辑和处理，文本框和文档部件的使用，符号与数学公式的输入与编辑。

（5）文档的分栏、分页和分节操作，文档页眉、页脚的设置，文档内容引用操作。

（6）文档的审阅和修订。

（7）利用邮件合并功能批量制作和处理文档。

（8）多窗口和多文档的编辑，文档视图的使用。

（9）控件和宏功能的简单应用。

（10）分析图文素材，并根据需求提取相关信息引用到 Word 文档中。

3. Excel 的功能和使用

（1）Excel 的基本功能，工作簿和工作表的基本操作，工作视图的控制。

（2）工作表数据的输入、编辑和修改。

（3）单元格格式化操作，数据格式的设置。

（4）工作簿和工作表的保护、版本比较与分析。

（5）单元格的引用，公式、函数和数组的使用。

（6）多个工作表的联动操作。

（7）迷你图和图表的创建、编辑与修饰。

（8）数据的排序、筛选、分类汇总、分组显示和合并计算。

（9）数据透视表和数据透视图的使用。

（10）数据的模拟分析、运算与预测。

（11）控件和宏功能的简单应用。

（12）导入外部数据并进行分析，获取和转换数据并进行处理。

（13）使用 PowerPivot 管理数据模型的基本操作。

（14）分析数据素材，并根据需求提取相关信息引用到 Excel 文档中。

4. PowerPoint 的功能和使用

（1）PowerPoint 的基本功能和基本操作，幻灯片的组织与管理，演示文稿的视图模式和使用。

（2）演示文稿中幻灯片的主题应用、背景设置、母版制作和使用。

（3）幻灯片中文本、图形、SmartArt、图像（片）、图表、音频、视频、艺术字等对象的编辑和应用。

（4）幻灯片中对象动画、幻灯片切换效果、链接操作等交互设置。

（5）幻灯片放映设置，演示文稿的打包和输出。

（6）演示文稿的审阅和比较。

（7）分析图文素材，并根据需求提取相关信息引用到 PowerPoint 文档中。

5.3 实 验 范 例

5.3.1 实验 1 Word 文字格式处理

5-1

下载素材至本地计算机，文档素材内容如下。

量子计算机：计算领域的革命性突破

在信息技术飞速发展的今天，量子计算机的出现被视为计算领域的一次革命性突破。与传统计算机相比，量子计算机在处理特定类型的问题时展现出了巨大的潜力。

本文将介绍量子计算机的基本原理、优势以及与传统计算机的对比。

量子计算机是一种利用量子力学原理进行信息处理的计算设备。它们的核心在于量子比特（qubits），与传统计算机的二进制比特（bits）不同，量子比特可以同时表示0 和 1 的状态，这种现象称为量子叠加。此外，量子比特之间还可以存在量子纠缠，使得量子计算机在处理大量数据时表现出惊人的并行性。量子计算机的优势主要体现在以下方面。

并行计算能力：量子计算机能够同时处理大量计算，这对于需要遍历大量可能性的问题（如优化问题）非常有用。

算法加速：某些算法在量子计算机上运行的速度远远超过传统计算机，例如 Shor 的算法可以快速分解大整数，这对密码学有重大影响。

模拟复杂系统：量子计算机能够有效模拟量子系统，这为化学和物理学中的复杂问题提供了新的解决方案。

与传统计算机的对比

对比项	量子计算机	传统计算机
基本单元	量子比特（qubits）	二进制比特（bits）
计算原理	量子力学	经典力学
信息表示	叠加态和纠缠	二进制（0 或 1）
计算能力	并行性强，适合特定算法加速	顺序或并行（多核/多线程）
应用领域	复杂问题求解、模拟量子系统	日常计算、通用任务
技术成熟度	正在研发和实验阶段	成熟且广泛应用

未来展望

量子计算机的潜力巨大，但目前仍面临许多技术挑战，如量子比特的稳定性、错误率的降低以及量子算法的开发等。随着技术的不断进步，量子计算机有望在未来几十年内逐步解决这些问题，并在多个领域发挥重要作用。

量子计算机的许多优势是理论上的，目前量子计算机还处于研发阶段，尚未广泛应用于商业和工业领域。

1）实验题目

对文档"量子计算机.docx"中的文字进行编辑、排版和保存，具体要求如下。

（1）将标题文字设置为一号红色、黑体、加粗、居中，设置文字的阴影效果为预设外部偏移：向右，将正文中所有"量子计算机"修改为红色宋体，加粗显示。

（2）设置正文各段落的字体为仿宋，正文各段落首行缩进两字符，行距为 18 磅，为正文第 3 段和第 5 段添加 1、2、3 样式的编号，将正文第 2 段分为等宽的两栏，栏间添加分隔线。

（3）为页面添加方框型、页面边框，并设置为 0.5 磅橙色方框实线。

（4）为文档添加页眉页脚，并将页眉内容设置"量子计算机介绍"，在文档页脚处插入

"第 X 页共 Y 页"形式的页码,使用域自动生成,居中显示。

(5) 将文中"与传统计算机的对比"后面开始的七行文字转换为七行三列的表格,用内置清单表二样式,设置表格居中,内容水平居中,表格列宽为 3.5 厘米,行高为 0.6 厘米。

(6) 对正文中的第一个量子计算机插入脚注,脚注内容为最后一段文字。

2)实验步骤

(1) 修改文字样式。

如图 5-1 所示,选择"开始"→"查找和替换"(或按快捷键 Ctrl+H),在"查找内容"中输入"量子计算机",选择"替换"→"格式",在"替换字体"窗口中将字体颜色设置为红色,加粗。选中标题文字,设置字体大小为一号,颜色为红色,字体为黑体,加粗,并选择"居中对齐"。为标题文字添加阴影效果,选择"字体"对话框,在左下角找到"文字效果",然后选择"阴影",再选择"预设外部偏移:向右"。

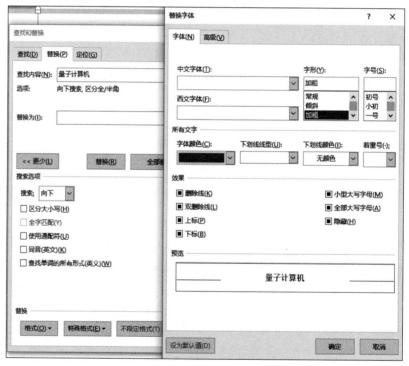

图 5-1 修改文字样式

(2) 设置段落格式。

如图 5-2 所示,选中所有正文段落,设置字体为仿宋。选中每个段落的首行,单击右键,在弹出的快捷菜单中选择"段落",在"缩进和间距"中设置"特殊"为"首行",设置"缩进"为"2 字符",设置行距为 18 磅。选中第 3 段到第 5 段的文本,选择"开始"→"段落"→"编号",选择 1、2、3 样式。选中第 2 段文本,分为两栏,选中该段文字,让其高亮显示,选择"布局"→"分栏",设置为"两栏",并勾选"分隔线"。

(3) 添加页面边框。

选择"页面"→"页面边框",在弹出的"边框和底纹"对话框中选择"边框和底纹"→"方

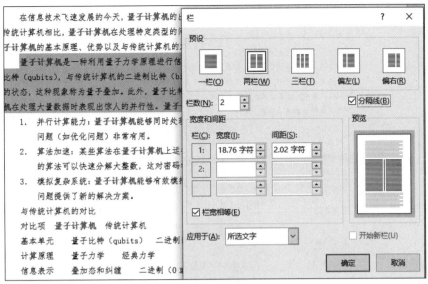

图 5-2 设置段落格式

框",设置边框样式为实线,宽度为 0.5 磅,颜色为橙色。

（4）添加页眉页脚。

双击页面顶部或底部,进入页眉页脚编辑模式。在页眉处输入"量子计算机介绍",并设置为居中。在页脚处单击"页码"按钮,选择"页面底端"→"x/y 加粗显示的数字 1"。然后编辑页脚的页码,修改为"第 x 页,共 y 页"的形式,或者如图 5-3 所示,按 Ctrl＋F9 键,手动输入域代码(如{PAGE}和{NUMPAGES})来自动填充。

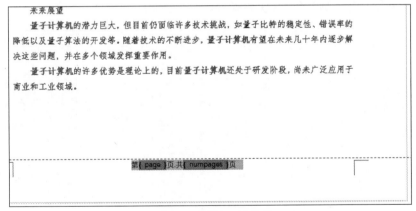

图 5-3 手动输入域代码

（5）转换文字为表格。

如图 5-4 所示,选中"与传统计算机的对比"后面开始的 7 行文字。选择"插入"→"表格"→"文本转换成表格",在弹出的对话框中设置列数为 3、行数为 7。选中表格,在表设计菜单中选择"内置清单表二样式",并单击"确定"按钮。单击"布局"→"对齐"→"居中"

选项,设置表格列宽为 3.5 厘米、行高为 0.6 厘米。

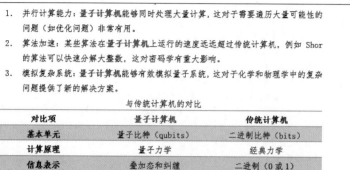

图 5-4 转换文字为表格

（6）添加脚注。

将光标放置在正文中第一个"量子计算机"后面。选择"引用"→"插入脚注",在脚注区域将最后一段文字作为脚注内容输入。

5-2

5.3.2 实验 2 Excel 数据处理

下载实验素材至本地计算机,实验素材如图 5-5 所示。

3 月 份 销 售 统 计 表										企业销售产品清单		
销售日期	产品型号	新产品型号	产品名称	产品单价	销售数量	经办人	所属部门	销售金额		产品型号	产品名称	产品单价
2007/3/1	A01	A001			4	甘倩琦	市场1部			A001	卡特扫描枪	368
2007/3/1	A011	A011			2	许 丹	市场1部			A011	卡特定位扫	468
2007/3/1	A011	A011			2	孙国成	市场2部			A002	卡特刷卡器	568
2007/3/2	A01	A001			4	吴小平	市场3部			A003	卡特报警器	488
2007/3/2	A02	A002			3	甘倩琦	市场1部			A031	卡特定位报	688
2007/3/2	A031	A031			5	李成曦	市场2部			B001	卡特扫描系	988
2007/3/5	A03	A003			4	刘 惠	市场1部			B002	卡特刷卡系	1088
2007/3/5	B03	A003			1	赵 荣	市场3部			B003	卡特报警系	1988
2007/3/6	A01	A001			3	吴 仕	市场2部					
2007/3/6	A011	A011			3	刘 惠	市场1部					
2007/3/7	B01	A001			2	许 丹	市场1部					
2007/3/7	B03	A003			2	王 勇	市场3部			分部销售业绩统计表		
2007/3/8	A01	A001			4	甘倩琦	市场1部			部门名称	总销售额	销售排名
2007/3/8	A01	A001			3	许 丹	市场1部			市场1部		
2007/3/9	A01	A001			5	孙国成	市场2部			市场2部		
2007/3/9	A03	A003			4	吴小平	市场3部			市场3部		
2007/3/9	A011	A011			4	刘 惠	市场1部					
2007/3/12	A01	A001			2	刘 惠	市场1部					
2007/3/12	A03	A003			4	许 丹	市场1部					
2007/3/13	A03	A003			3	吴 仕	市场2部					
2007/3/13	A03	A003			5	吴 仕	市场2部					
2007/3/14	A02	A002			4	刘 惠	市场1部					
2007/3/15	A02	A002			1	许 丹	市场1部					
2007/3/15	A02	A002			3	吴 仕	市场2部					
2007/3/16	A01	A001			2	甘倩琦	市场1部					
2007/3/16	A01	A001			5	许 丹	市场1部					
2007/3/19	A02	A002			4	孙国成	市场2部					

图 5-5 excel 实验素材

1) 实验题目

对文档"销售报表.xlsx"进行编辑和保存,具体要求如下。

(1) 将 Sheet1 更名为"销售报表",将"销售报表"中表标题"3 月份销售统计表"设置为仿宋,红色,字号 20,加粗,蓝色背景填充。

(2) 根据插入新列,名称为"新产品型号",新列数据根据"产品型号"中的数据得到。具体格式为数字部分占 3 位,不足补 0,比如 A01 变成 A001。

(3) 根据"企业销售产品清单",在 Sheet1 中利用 VLOOKUP 函数,将产品名称和产品单价自动填充到"3 月份销售统计表"的"产品名称"列和"产品单价"列中。

(4) 用数组公式计算"3 月份销售统计表"中的"销售金额",计算方法为:销售金额＝产品单价 * 销售数量。

(5) 根据 Sheet1"3 月份销售统计表"中的数据,利用 SUMIF 函数,计算"分部销售业绩统计表"中的总销售额,并将结果填入该表的"总销售额"列。

(6) 在"分部销售业绩统计表"中使用 RANK 函数,根据"总销售额"对各部门进行排名,并将结果填入"销售排列"中。

(7) 将 Sheet1 复制到 Sheet2 中,根据 Sheet2 中的"3 月份销售统计表"进行高级筛选。

(8) 筛选条件为销售数量＞2、"所属部门"为"市场 1 部"、销售金额＞1000。

(9) 将筛选结果保存在 Sheet2 中(注:无须考虑是否删除筛选条件)。

2) 实验步骤

(1) 设置格式。

如图 5-6 所示,在实验素材工作表标签上选择 Sheet1,右击,在弹出的快捷菜单中选择"重命名",将 Sheet1 工作表名称修改为"销售报表"。选中工作表"3 月份销售统计表"标题,设置字体为仿宋,字号为 20,加粗,并更改字体颜色为红色。选中标题单元格,设置背景填充颜色为蓝色。

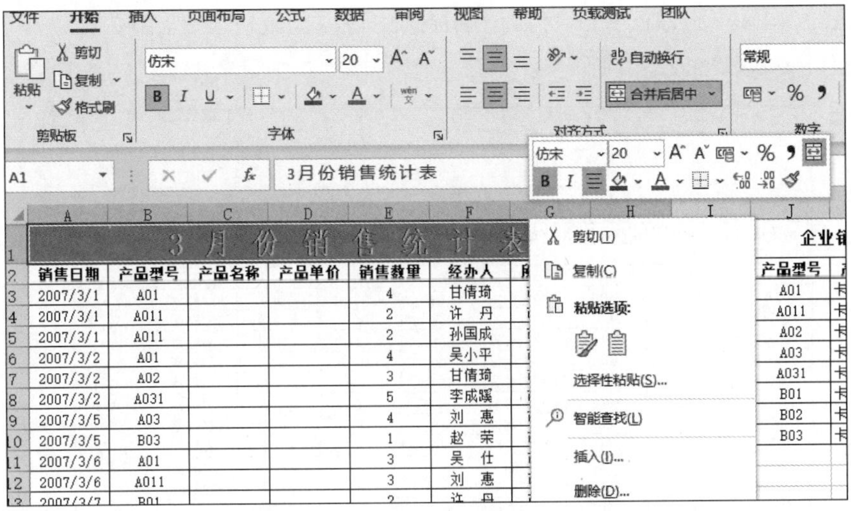

图 5-6　为工作表标题设置字体

(2) 使用公式修改产品型号格式。

在 c3 单元格输入公式 =LEFT(B3,1)&TEXT(RIGHT(B3,LEN(B3)−1),"000"),然后用公式填充柄向下填充剩余的单元格。

(3) 使用 VLOOKUP 函数填充产品名称和单价。

对于产品名称,在 D3 单元格输入公式 = VLOOKUP(C3,$K$3:$M$10,2,FALSE),$K$3:$M$10,为企业销售产品清单表中的数据部分。如图 5-7 所示,产品单价对应的公式为=VLOOKUP(C3,$K$3:$M$10,3,FALSE),用公式填充柄向下填充剩余的单元格。

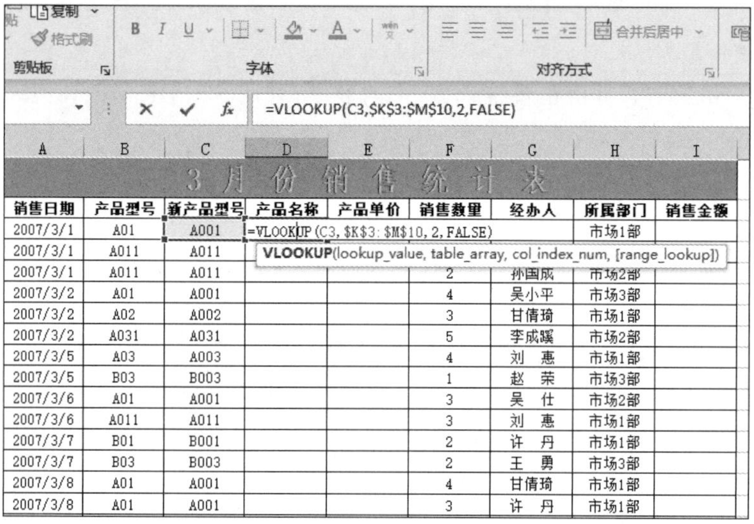

销售日期	产品型号	新产品型号	产品名称	产品单价	销售数量	经办人	所属部门	销售金额
2007/3/1	A01	A001	=VLOOKUP(C3, $K$3: $M$10, 2, FALSE)				市场1部	
2007/3/1	A011	A011						
2007/3/1	A011	A011			2	孙国成	市场2部	
2007/3/2	A01	A001			4	吴小平	市场3部	
2007/3/2	A02	A002			3	甘倩琦	市场1部	
2007/3/2	A031	A031			5	李成蹊	市场2部	
2007/3/5	A03	A003			4	刘　惠	市场1部	
2007/3/5	B03	B003			1	赵　荣	市场3部	
2007/3/6	A01	A001			3	吴　仕	市场2部	
2007/3/6	A011	A011			3	刘　惠	市场1部	
2007/3/7	B01	B001			2	许　丹	市场1部	
2007/3/7	B03	B003			2	王　勇	市场3部	
2007/3/8	A01	A001			4	甘倩琦	市场1部	
2007/3/8	A01	A001			3	许　丹	市场1部	

图 5-7　使用 VLOOKUP 函数填充产品名称和单价

(4) 用数组公式计算销售金额。

如图 5-8 所示,选中销售金额到待计算的单元格区域 I3:I30,在公式输入区域输入公式=E3:E30*F3:F30,E3:E30,可以用鼠标选中对应区域输入,然后按下 Ctrl+Shift+Enter 组合键完成数组公式的输入。

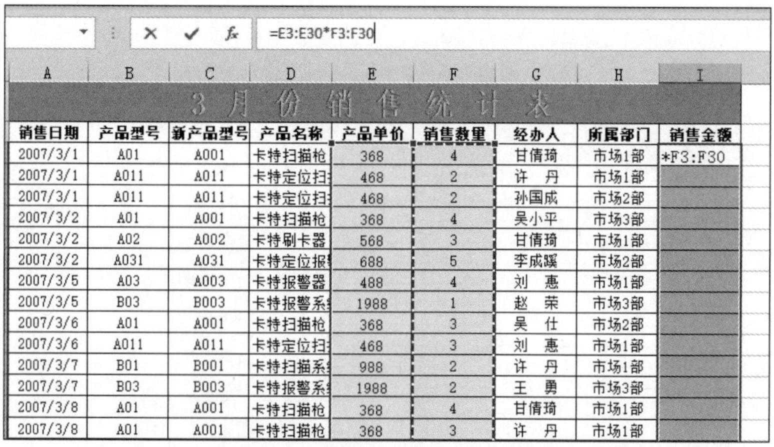

销售日期	产品型号	新产品型号	产品名称	产品单价	销售数量	经办人	所属部门	销售金额
2007/3/1	A01	A001	卡特扫描枪	368	4	甘倩琦	市场1部	*F3:F30
2007/3/1	A011	A011	卡特定位扫	468	2	许　丹	市场1部	
2007/3/1	A011	A011	卡特定位扫	468	2	孙国成	市场2部	
2007/3/2	A01	A001	卡特扫描枪	368	4	吴小平	市场3部	
2007/3/2	A02	A002	卡特刷卡器	568	3	甘倩琦	市场1部	
2007/3/2	A031	A031	卡特定位报	688	5	李成蹊	市场2部	
2007/3/5	A03	A003	卡特报警器	488	4	刘　惠	市场1部	
2007/3/5	B03	B003	卡特报警系	1988	1	赵　荣	市场3部	
2007/3/6	A01	A001	卡特扫描枪	368	3	吴　仕	市场2部	
2007/3/6	A011	A011	卡特定位扫	468	3	刘　惠	市场1部	
2007/3/7	B01	B001	卡特扫描系	988	2	许　丹	市场1部	
2007/3/7	B03	B003	卡特报警系	1988	2	王　勇	市场3部	
2007/3/8	A01	A001	卡特扫描枪	368	4	甘倩琦	市场1部	
2007/3/8	A01	A001	卡特扫描枪	368	3	许　丹	市场1部	

图 5-8　数组公式计算销售金额

（5）计算总销售额。

使用 SUMIF 函数计算每个部门的总销售额。在 L17 单元格中输入公式＝SUMIF
（＄H＄3：＄H＄30,K17,＄I＄3：＄I＄30），然后用公式填充柄向下填充剩余的单元格。
注意 H3：H30 和 I3：I30 必须使用绝对引用。

（6）使用排名函数进行排名。

使用 RANK 函数对每个部门的总销售额进行排名。在 L17 单元格中输入公式＝
RANK（L17,＄L＄17：＄L＄19,0），然后用公式填充柄向下填充剩余的单元格。注意
L17：L19 必须使用绝对引用。

（7）高级筛选。

在 Sheet2 中复制 Sheet1 的"3 月份销售统计表"，注意粘贴的时候选择按值方式粘
贴，如果希望保留格式，可以选择按格式的方式再粘贴一次。在空白区域新建筛选条件：
销售数量＞2、"所属部门"为"市场 1 部"、销售金额＞1000。选择进行高级筛选的数据区
域 A2:I30，单击"数据"选项卡中的"高级"按钮，在弹出的对话框中设置对应的区域，单击
"确定"按钮完成筛选，如图 5-9 所示。

图 5-9　高级筛选

（8）保存文档。

完成以上步骤后，选择"文件"→"保存"或"另存为"选项，将修改后的文档保存为"销
售报表.xlsx"。

5-3

5.3.3　实验 3　PowerPoint 演示文稿美化

下载实验素材"枸杞.pptx"至本地计算机,实验素材如图 5-10 所示。

图 5-10　PPT 实验素材

1) 实验题目

对文档"枸杞.pptx"进行编辑,排版和保存,具体要求如下。

(1) 将"剪切"主题应用于演示文稿的所有幻灯片,并应用"绿色"主题颜色。

(2) 设置幻灯片母板,母板文本样式设置如下。

① 字体。

• 中文字体为"黑体"。

• 西文字体为"Comic Sans MS"。

② 段落。

• 段前 6 磅,段后 6 磅。

• 行距 1.2 倍。

(3) 对第 2 张幻灯片的图片进行设计。

① 将图片样式设置为"透视阴影,白色"。

② 为图片添加"弹跳"的进入动画效果,开始方式为"与上一动画同时"。

(4) 对第 3 张幻灯片进行设计。

① 设置方向为"线性向右"的"线性"类型的"浅色渐变-个性色 1"渐变填充背景格式。

② 设置"水平"方向的"随机线条"的切换效果。

③ 幻灯片切换的持续时间为 3 秒,自动换片时间为 5 秒。

（5）对第 4 张幻灯片进行设计。

① 应用"垂直排列标题与文本"版式。

② 为文本"其他"建立超链接，链接到"http://www.baidu.com/"。

③ 添加并显示幻灯片的编号。

2）实验步骤

（1）应用主题和颜色。

单击"设计"选项卡，在主题组中选择"剪切"主题，在"浏览主题"中选择一个绿色主题颜色，如图 5-11 所示。

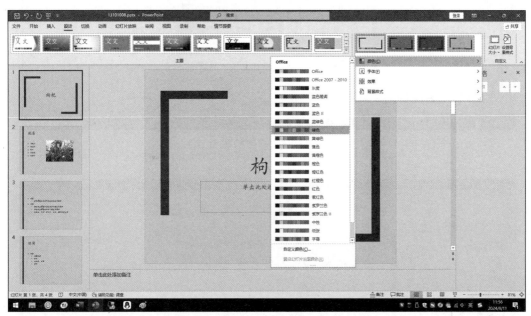

图 5-11　应用 PPT 主题

（2）设置幻灯片母板。

在"视图"选项卡中选择"幻灯片母板"，选中第一张幻灯片母板，选择"开始"→"字体"，设置中文字体为"黑体"，西文字体为"Comic Sans MS"。选择"开始"→"段落"，设置段前 6 磅，段后 6 磅，行距为 1.2 倍。

（3）设计第 2 张幻灯片的图片。

切换回"普通"视图，定位到第 2 张幻灯片，选择"图片"→"图片格式"→"图片样式"→"透视阴影，白色"。单击"动画"选项卡，选择"高级动画"→"弹跳"效果。在动画窗格中将该动画设置为"与上一动画同时开始"，如图 5-12 所示。

（4）设计第 3 张幻灯片。

定位到第 3 张幻灯片，单击"设计"选项卡，选择"背景格式"→"渐变填充"效果，选择"预设渐变"→"线性向右"→"浅色渐变 ——个性色 1"。单击"切换"选项卡，选择"随机线条"作为切换效果。设置切换持续时间为 3 秒。在"幻灯片切换"设置中将自动换片时间设置为 5 秒，如图 5-13 所示。

图 5-12　动画设置

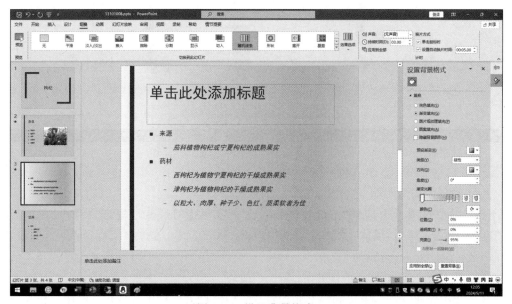

图 5-13　设置背景格式

（5）设计第 4 张幻灯片。

定位到第 4 张幻灯片,单击"开始"选项卡,选择"垂直排列标题与文本"版式。选中文本"其他",右击,选择"超链接"或按 Ctrl+K 键,添加链接到"http://www.baidu.com/"。单击"插入"选项卡,选择"幻灯片编号",添加并显示幻灯片编号,如图 5-14 所示。

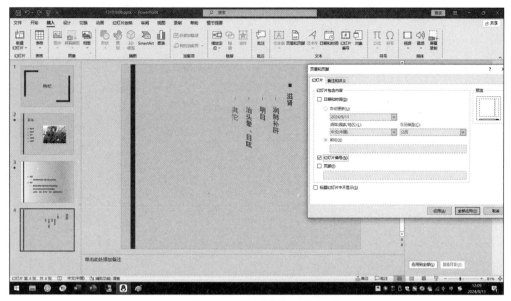

图 5-14　超链接到幻灯片

5.4　实　验　思　考

1. 总结 Word 长文档排版的基本方法。
2. 总结办公软件 Word、Excel 和 PPT 的使用技巧,并绘制思维导图。

下篇

Python 编程基础

下篇

Python 高级进阶

第 6 章 Python 初识

6.1 实 验 目 的

（1）掌握 Python 软件下载安装的方法。

（2）掌握 Python 官方集成开发环境（integrated development environment，IDE）和 Thonny 的安装。

（3）掌握 Python 语言的编码规范。

（4）掌握 Python 的输入与输出、运算符和表达式。

（5）掌握 turtle 绘图体系，能使用 turtle 库函数绘制简单图形。

6.2 相 关 知 识

6.2.1 Python 安装简介

在 Windows、Linux、macOS 环境下都可以运行 Python 软件，安装 Python 的步骤如下。

1. 获取安装包

使用 Web 浏览器访问 Python 官方网站（http://www.python.org/download/），进入下载页面。根据当前计算机的操作系统选择适合的安装包格式（不同操作系统下安装包格式不同），例如：

① Linux/Unix：Source/release。

② macOS：macOS 64-bit/32-bit。

③ Windows：zip/executable/web-based。

2. Windows 系统下的 Python 安装

下载完成后，双击下载的文件，根据安装向导的默认模式一直单击"下一步"按钮，即可完成安装。

3. macOS 系统下的 Python 安装

下载完成后，双击下载的文件，双击已经下载成功的 python-3.11.0-macos11.pkg 文件。进入 Python 安装向导，按照向导一步步向下安装，一直保持默认即可。

6.2.2　Python 集成开发环境

1. IDLE

IDLE 是 Python 内置的 IDE,安装 Python 后便可直接使用,初学者可以利用它方便地创建、运行、测试和调试 Python 程序。IDEL 有两个主要窗口类型,分别是命令行窗口和编辑器窗口。用户可以同时打开多个编辑器窗口。

2. PyCharm

PyCharm 是 JetBrains 公司打造的跨平台全功能 Python 开发工具。Pycharm 具有多种功能,如代码分析、图形化调试器、集成测试器、集成版本控制系统,并支持使用 Django 进行网页开发。借助 PyCharm 的 API,开发人员可以创建自己的自定义插件,向 IDE 添加新功能。

3. Thonny

Thonny 是一款面向初学者的轻量级 IDE,由 Tartu 大学开发,它的调试器专为学习和教学编程而设计。Thonny 内置了 Python 环境,不需要再重新下载 Python 解释器,也不需要学习如何配置环境变量。只需要下载安装好 Thonny,就可以直接使用 Thonny 进行 Python 编程。

本书实验都是采用 Thonny 作为 Python 编程的集成开发环境。

6.2.3　Python 的基本语法

1. input()函数

input()函数接收一个从输入设备(如键盘)读取的数据,该函数返回的是字符串类型。input()的基本格式如下。

```
input('提示:')
```

如果需要输入整数或小数,则需要使用 int 或 float 函数进行强制转换,也可以使用 eval()函数去除字符串最外层的引号。如:

```
a= int(input('提示:'))                              #输入字符串转换为整型
a = float(input('提示:'))                           #输入字符串转换为浮点型
```

2. print()函数

(1) 直接输出——print()。

① 输出数字或变量,如 print(1234)、print(a)。

② 输出字符串,字符串需要用引号括起来(单引号或双引号),如 print("今天天气真不错")。

(2) 格式化输出——format()方法。

字符串的 format()方法是 Python 语言主要的格式化方法,基本格式如下。

```
print(<模板字符串>.format([输出项,…]))
```

如：

```
num1 = int(input("请输入第一个数:"))
num2 = int(input("请输入第二个数:"))
div = num1 - num2
print("{0} - {1} = {2}".format(num1, num2, div))    #"{}"中位置序号替换对应参数
```

3. 变量

变量定义：用来存放数据,程序运行过程中值可以发生变化的量。

变量类型：Python 中的变量不需要声明数据类型,根据赋值自动判断变量类型。变量类型包括整型;浮点型;布尔类型;序列类型(字符串、列表、元组、字典等)。

变量赋值：每个变量在使用前都必须赋值,变量赋值以后,该变量才会被创建。

变量名：可以是字母、汉字、数字和下画线组合而成,必须以字母、汉字或下画线开头,不能是数字。注意：

① 不能使用关键字作为变量名。

② 变量名对大小写敏感。

③ 变量名中不能有空格或标点符号。

4. 运算符

如表 6-1 所示为运算符含义及举例说明。

表 6-1　运算符含义及举例说明

运算符	描　　　述	说　　　明
＋	加：两个对象相加	$a+b$(已知 $a=8,b=3$) 例：$8+3=11$
－	减：一个数减去另一个数	$a-b$ 例：$8-3=5$
＊	乘：两个数相乘或是返回一个被重复若干次的字符串	$a*b$ 例：$8*3=24$ 字符串复制：例："＊"＊3 返回"＊＊＊"
/	除：x 除以 y	a/b 例：$8/3=2.6666666666666665$
//	取整除：返回商的整数部分(向下取整)	不大于商的最大整数,$a//b$ 例：$8//3=2$
＊＊	幂：返回 x 的 y 次幂	$a**b$ 例：8^3 可表示为 8**3,结果为 512
％	取模：返回除法的余数	$a\%b$ 例：8 除以 3 的余数表示为 8％3,结果为 2

6.2.4　Python 绘图

turtle 是 Python 中用来绘图的标准库,turtle 库绘制图形的基本原理是：一个小海龟在坐标系中爬行,其爬行轨迹就形成了绘制的图形。利用丰富的 turtle 库函数能绘制很多创意图形。

注意：使用 turtle 之前需要先在代码的最前面导入 turtle 模块。为了让绘图完成后画

布不消失,可以在程序的最后添加 turtle.mainloop()来实现。turtle 绘图程序基本框架如下。

```
import turtle

#(--------中间写绘图过程---------)

turtle.mainloop()
```

turtle 库包含很多关于画笔设置和控制画笔运动方向的函数,turtle 绘图程序中基本使用的画笔绘制函数如表 6-2 所示。

表 6-2 画笔绘制函数

函　　数	说　　明
turtle. setup (width,height,startx, starty)	设置画布(主窗体)的大小和位置。 width,height:画布的宽和高。 startx,starty:表示画布窗口左上角顶点的位置,在默认状态时,窗口位于屏幕中心
turtle.forward(distance)	向当前画笔行进方向移动 distance 像素长度
turtle.backward(distance)	向当前画笔相反方向移动 distance 像素长度
turtle.right(degree)	顺时针移动 degree(°)
turtle.left(degree)	逆时针移动 degree(°)
turtle.pendown()	落下画笔,之后移动画笔将绘制形状
turtle.goto(x,y)	将画笔移动到坐标为 x、y 的位置
turtle.penup()	抬起画笔,之后移动画笔不绘制形状
turtle.circle()	画圆,半径为正或负,表示圆心在画笔的左边或右边画圆
turtle.seth(angle)	改变画笔绘制方向为 angle(角度),该角度是绝对方向角度值
turtle.pensize()	设置画笔大小,默认时返回当前画笔大小
turtle.pencolor()	设置画笔颜色

6.3　实　验　范　例

6-1

6.3.1　实验 1　Thonny 安装和 Python 运行

1. Thonny 下载安装说明

Thonny 目前支持三大主流操作系统,最新的稳定版本可以从其官网(https://thonny.org/)直接下载安装。图 6-1 中框线部分为选择对应操作系统的 Python 版本下载安装使用。

下载完成后,运行安装程序。此时,系统提示选择"安装用户",选择"所有用户",系统提示"是否允许对计算机进行更改",选择"允许"。然后进入到安装界面,一直单击"下一

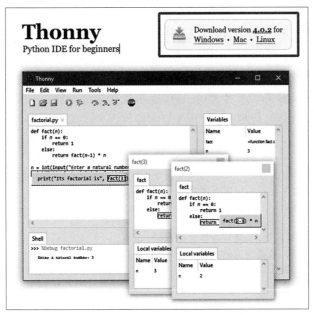

图 6-1　选择对应的 Python 版本下载

步"按钮就能成功安装。如果需要指定安装路径,则在选择"安装路径"的步骤中选择对应路径即可。

2. Thonny 环境下运行 Python

打开 Thonny 软件,界面简洁,对于初学者极其友好。如图 6-2 所示,默认界面分为上下两部分,上面是代码区,下面是终端区(shell)。选择"文件"→"新建",在代码区输入程序"print('Hello world')",再单击左上角的"运行"按钮,或者按快捷键 F5,即开始运行程序,终端 shell 窗口中就会显示运行结果。

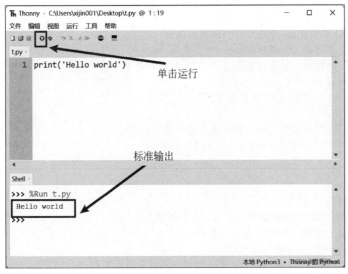

图 6-2　Thonny 编译环境

6-2

6.3.2　实验 2　Python 输入输出

1.《西游记》人物角色介绍

《西游记》是中国古典四大名著之一，作者明代作家吴承恩。这部小说讲述了唐僧师徒四人去西天取经的传奇故事，充满了奇幻色彩和深刻的寓意。编写一个程序，输出《西游记》的角色介绍。

1）输出

《西游记》是一部非常著名的中国古典小说。
故事的主要角色有：
孙悟空，又称美猴王，是故事中的主要角色之一。
唐僧，是取经的主要人物，受到观音菩萨的指派。
猪八戒，原名猪刚鬣，是孙悟空的同伴。
沙僧，原名沙悟净，也是唐僧的徒弟之一。

2）参考代码

```
print("《西游记》是一部非常著名的中国古典小说。")
print("故事的主要角色有:")
print("孙悟空，又称美猴王，是故事中的主要角色之一。")
print("唐僧，是取经的主要人物，受到观音菩萨的指派。")
print("猪八戒，原名猪刚鬣，是孙悟空的同伴。")
print("沙僧，原名沙悟净，也是唐僧的徒弟之一。")
```

2.《西游记》：唐僧和徒弟的相遇

在《西游记》中，唐僧西行取经，一路遇见了孙悟空、白龙马、猪八戒、沙僧四个徒弟，编写程序，输入徒弟的姓名和家乡，唐僧与他们的对话，描述唐僧与徒弟的相遇场景。

1）输出

阿弥陀佛，这位长老可是从东土大唐而来？
请输入一个徒弟的姓名:孙悟空 (注:随机输入)
请输入地名:花果山 (注:随机输入)
正是，正是。孙悟空正是从花果山而来，特来保护师傅西天取经。
善哉善哉，有劳了。
师傅放心，有俺老孙在，定保师父平安无事。
不知大圣有何神通？
请输入技能名:七十二变 (注:从键盘输入随机技能名称)
有此神奇的七十二变技能，如此，贫僧就可安心了。

2）参考代码

```
#唐僧首先开口
print("阿弥陀佛，这位长老可是从东土大唐而来？")
name=input("请输入一个徒弟的姓名:")
hometown=input("请输入地名:")
print("正是，正是。{}正是从{}而来，特来保护师父西天取经。".format(name,hometown))
print("善哉善哉，有劳了。")
```

```
print("师父放心,有俺老{}在,定保师傅平安无事。".format(name[0]))
print("不知大圣有何神通?")
skill=input("请输入技能名:")
print("有此神奇的{}技能,如此,贫僧就放心了。".format(skill))
```

6.3.3　实验 3　Python 变量——元年的转换

《西游记》开篇有这么一段:盖闻天地之数,有十二万九千六百岁为一元。将一元分为十二会,乃子、丑、寅、卯、辰、巳、午、未、申、酉、戌、亥之十二支也。根据邵康节所著《皇极经世》中的内容,将宇宙从诞生到毁灭的一个周期定义为一"元",一"元"分为十二"会",一会分为三十"运",一"运"分为十二"世",而一"世"则分为三十"年"。因此,一元就等于 $12 \times 30 \times 12 \times 30$ 年(即是 129600 年)。

请根据以上描述,输入任意一个宇宙周期数,根据元年的转换关系计算宇宙周期的年数。

1)输入样例

请输入您要换算的宇宙周期数值为:5。

2)输出样例

经历了 5 元宇宙周期即是经历了 648000 年。

3)参考代码

```
n=int(input("请输入您要换算的宇宙周期数值为:"))      #一年
Year=12*30*12*30*n  #换算公式
print("经历了{}元宇宙周期即是经历了{}年。".format(n,Year))
```

6.3.4　实验 4　Python 绘图

1. 同切圆

如图 6-3 所示同切圆,用 turtle 库绘制,要求:新建一个 400×400 的画布,默认画笔颜色,画笔宽度为 2 像素,同切圆半径依次为 10 像素、40 像素、80 像素、160 像素。

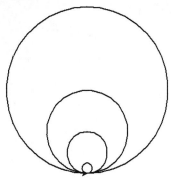

图 6-3　同切圆

参考代码如下。

```
import turtle                          #引用 turtle 库
turtle.setup(800,800)
turtle.pensize(2)                      #设置画笔大小为 2 像素
turtle.circle(10)
turtle.circle(40)
turtle.circle(80)
turtle.circle(160)
turtle.mainloop()
```

2. 五角星

如图 6-4 所示,绘制红色五角星,画笔颜色为红色,五角星填充红色,其他默认。
参考代码如下。

```
import turtle
turtle.fillcolor("red")
turtle.pencolor("red")
turtle.begin_fill()
for i in range(5):                     #绘制五角星的五个边
    turtle.forward(200)
    turtle.right(144)
turtle.end_fill()
turtle.mainloop()
```

6-3

3. 莲花

在《西游记》中,观音菩萨的莲花宝座图形如图 6-5 所示,背景颜色设置为白色,形状为 12 瓣 3 层,从外到内颜色依次设置为 cyan2、SeaGreen2、OliveDrab1(颜色单词参考 turtle 支持的颜色表)。

图 6-4　五角星

图 6-5　莲花宝座图

参考代码如下。

```
import turtle
#设置背景颜色为白色
turtle.bgcolor("white")
```

```
#设置初始状态
turtle.speed(0)                                  #设置画笔速度为最快
turtle.penup()                                   #提起画笔,移动不留痕迹
turtle.goto(0, 0)                                #将画笔移动到原点(0, 0)
turtle.pendown()                                 #放下画笔,移动时留下痕迹
turtle.color("red")                              #设置画笔颜色
turtle.pensize(2)                                #设置画笔大小
colors=["cyan2","SeaGreen2","OliveDrab1"]
#绘制莲花一个花瓣的函数
def draw_petal(radius,value,pen_size):
    turtle.color(value)
    turtle.pensize(pen_size)
    turtle.circle(radius, 60)                    #绘制一个 60 度的圆弧
    turtle.left(120)                             #左转 120 度
    turtle.circle(radius, 60)
    turtle.left(120)
#绘制莲花的整体
def draw_lotus():
    for layer in range(3):
        value=colors[layer]
        for i in range(12):                      #因为是六瓣花,所以绘制六次
            draw_petal(180 - layer * 75, value, 9 - layer * 2)
            turtle.right(30)                     #每绘制完一个花瓣,右转 60 度
        turtle.right(30)                         #每一层结束后,调整角度以便开始下一层
#开始绘制莲花
draw_lotus()
#隐藏画笔
turtle.hideturtle()
turtle.mainloop()
```

6.4　实　验　习　题

1. 介绍自己。

请按照输入输出格式要求编写程序。

输入格式:输入你的家乡地名,如"杭州"。

输出格式:输出我来自 XXX,如"我来自杭州"。

样例如下。

【输入样例】:

杭州

【输出样例】:

我来自杭州

2. 姓名接龙。

考试开始之前,老师问大家是否都准备好了,三位同学按顺序接龙回复,然后考试开始。请按照输入输出格式要求编程实现这一问答过程。

输入格式:输入三位学生姓名,每行一位学生名字。

输出格式:如样例所示的接龙过程。

样例如下。

【输入样例】:

```
Tony
Mary
Allen
```

【输出样例】:

```
Teacher: Hi everyone, are you ready?
Tony: I'm ready!
Mary: I'm ready! I'm ready!
Allen: I'm ready! I'm ready! I'm ready!
Teacher: OK! Let's start our exam.
```

3. format 应用练习。

输入一个浮点数,要求整数部分是 5 位,小数部分是 3 位。编写程序,使用 format() 函数输出该浮点数,要求:宽度为 25、使用加号"+"填充、右对齐方式、输出千位分隔符、保留小数点后 2 位。

【输入样例】:

```
12345.789
```

【输出样例】:

```
++++++++++++++12,345.79
```

4. 数的计算。

从键盘输入 3 个数到 a、b、c 中,按公式计算值并输出。在同一行依次输入三个值 a、b、c,用空格分隔开,输出 $b \times b - 4 \times a \times c$ 的值。

输入格式:在一行中输入 3 个整数,中间用空格分隔。

输出格式:在一行中输出按给定公式计算后的数值。

【输入样例】:

```
3 4 5
```

【输出样例】:

```
-44
```

5. 输入一个数 n,绘制一个边长为 n 的正方形,其他参数默认。

6. 设置画笔颜色为红色,绘制一个五角星。

7. 输出图 6-6 所示的正多边形花绘制效果,蓝色画笔,花瓣五片,其他参数默认。

8. 绘制图 6-7 所示花瓣,用红色画笔,其他参数默认。

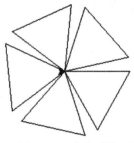

图 6-6　正多边形花

图 6-7　花瓣

9. 如图 6-8 所示,绘制正方形螺旋线,要求偶数边为红色画笔绘制,奇数边为绿色画笔绘制,偏移角度为 1°。

10. 绘制图 6-9 所示冰糖葫芦。设置圆半径为 40,依次填充糖葫芦颜色为红色、蓝色、黄色、紫色(从下往上数)。

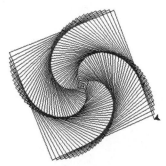

图 6-8　正方形螺旋线

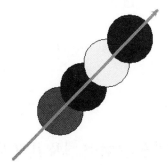

图 6-9　冰糖葫芦

6.5　实　验　思　考

1. 文化可以通过符号形式来表现。例如:龙图腾就是中华民族的图腾,自称"龙的传人"是对民族传统的继承和祖先的尊敬,也反映了中华民族自强不息、勇往直前的民族精神。我们可以在一些古老的文物、建筑、器物上找到丰富多样的龙元素。搜集资料,尝试用喜欢的龙的风格,利用 turtle 来绘制"龙"。

2. 模仿范例中的 turtle 绘制莲花,尝试使用 turtle 绘制其他花形,比如太阳花、玫瑰花、樱花等。

3. 搜索资料,模仿或改进程序,尝试使用 turtle 绘制喜欢的小动物图像或卡通角色。

第 7 章 Python 数据类型

7.1 实 验 目 的

(1) 理解 Python 语言的基本数据类型,掌握数据类型在计算机中的表示方法。

(2) 掌握字符串及其基本操作方法。

(3) 掌握列表及其基本操作方法。

(4) 掌握元组及其基本操作方法。

(5) 掌握序列的通用操作方法。

(6) 了解字典及其操作方法。

7.2 相 关 知 识

7.2.1 基本数据类型及其转换

1. 数据类型

Python 中基本的数据类型如下。

整型(int):用于表示没有小数部分的数字,如 42 或 -3。

浮点型(float):用于表示有小数部分的数字,如 3.14 或 -0.001。

布尔型(bool):表示逻辑值 True 或 False。

序列类型:按特定顺序依次排列的一组数据,可以通过下标访问一个或多个数据。序列类型包含字符串、列表、元组、字典和集合等。

2. 数据类型转换

在 Python 中,使用内置函数将一个数据类型转换为另一个数据类型,表 7-1 所示为 Python 中数据类型转换的内置函数。

表 7-1 数据类型转换的内置函数

内置函数名	函 数 功 能
int()	将其他类型的值转换为整型

续表

内置函数名	函 数 功 能
float()	将其他类型的值转换为浮点型
str()	将其他类型的值转换为字符串
bool()	将其他类型的值转换为布尔型

7.2.2　序列类型及其基本操作

1. 字符串(str)

(1) 概念:有序字符元素的序列表示。

(2) 形式:使用单引号 ('…')、双引号 ("…") 或者三引号 ('''…''') 来创建字符串。例如:"Hello,World!"。三引号通常用于多行字符串。

2. 列表(list)

(1) 概念:有序的元素序列,元素可以是不同类型的数据,如整数、实数、字符串、列表、元组等任何类型。

(2) 形式:列表的所有元素都放在一对方括号"[ ]"中,相邻元素之间使用逗号","分隔开。列表属于可变序列,它的元素可以随时修改和删除。如果只有一对方括号而没有任何元素,则表示空列表。

合法的列表对象如下:

```
Lst1=[1,2,3]
List2=[1,'孙悟空','orange',(1,2)]
```

3. 元组(tuple)

(1) 概念:不可变的有序元素序列。即元组一旦创建,用任何方法都不可以修改其元素。

(2) 形式:元组的所有元素都放在一对圆括号"()"中,两个相邻的元素间使用逗号","分隔。例如:x=(1,2,3)。元组中只有一个元素时,必须在最后增加一个逗号,如:y=(1,)。

(3) 列表和元组的区别。

① 列表属于可变序列,它的元素可以随时修改和删除;而元组属于不可变序列,其中的元素不可以修改,除非整体替换。

② 列表可以使用 append()、insert()、extend()、remove() 和 pop() 等函数实现添加和修改列表元素;而元组则没有这几个方法,因为不能向元组中添加和修改元素,同样也不能删除元素。

③ 列表可以使用切片访问和修改列表中的元素;元组也支持切片,但是它只支持通过切片访问元组中的元素,不支持修改。

④ 元组比列表的访问和处理速度快。所以如果只需要对其中的元素进行访问,而不进行任何修改时,建议使用元组。

⑤ 列表不能作为字典的键,而元组可以。

4. 字符串、列表、元组序列的通用操作

(1) 序列索引。

如图 7-1 所示的序列正负索引图,无论采用正索引值还是负索引值,都可以访问序列中的任何元素。

图 7-1　序列正负索引

正索引:序列中每个元素都有属于自己的编号(索引)。从起始元素开始,索引值从 0 开始递增。

负索引:Python 还支持索引值是负数,此类索引是从右向左计数(从最后一个元素开始计数,从索引值−1 开始)。

例如:

```
str1="西游记"
tup1=(108000,500)
ls1=[1,'孙悟空','sun_wukong',(108000,500)]
print(str1[1])                                    #输出:游
print(tup1[1])                                    #输出:500
print(ls1[1])                                     #输出:孙悟空
```

(2) 序列切片。

切片操作是访问序列中元素的另一种方法,实现访问一定范围内的元素。通过切片操作,也可以生成一个新的序列。语法格式如下:

```
sname[start:end:step]
```

① sname:序列的名称。

② start:切片的开始索引位置(包括该位置),此参数也可以不指定,会默认为 0,也就是从序列的开头进行切片。

③ end:表示切片的结束索引位置(不包括该位置),如果不指定,则默认为序列的长度。

④ step:表示在切片过程中,隔几个存储位置(包含当前位置)取一次元素。也就是说,如果 step 的值大于 1,则在进行切片去序列元素时会"跳跃式"地取元素。如果省略设置 step 的值,则最后一个冒号就可以省略,省略的 step 默认为 1。

例如:

```
str1="西游记"
tup1=(108000,500)
ls1=[1,'孙悟空','sun_wukong',(108000,500)]
print(str1[0:2])                          #输出:西游
print(tup1[0:2])                          #输出:(108000, 500)
print(ls1[0:2])                           #输出:[1, '孙悟空']
```

（3）序列相乘。

sname * n：序列重复 n 次。

例如：

```
str1="西游记"
tup1=(108000,500)
ls1=[1,'孙悟空','sun_wukong',(108000,500)]
print(str1 * 3)
print(tup1 * 2)
print(ls1 * 2)
```

＞＞＞输出：

```
西游记西游记西游记
(108000,500,108000,500)
[1,'孙悟空','sun_wukong',(108000,500),1,'孙悟空','sun_wukong',(108000,500)]
```

（4）检查元素是否包含在序列中。

使用 in 关键字检查某元素是否为序列的成员。该语句可用于循环的判断条件，来进行序列遍历。

例如：

```
str1="西游记"
tup1=(108000,500)
ls1=[1,'孙悟空','sun_wukong',(108000,500)]
print('西' in str1)
print(500 in tup1 * 2)
print('10800'in ls1)
```

＞＞＞输出：

```
True
True
False
```

（5）列表类型的常用操作函数。

lst1.append(x)：在列表后面增加一个元素 x。

lst1.insert(i,x)：在列表 i 这个位置插入一个元素 x。

lst1.pop(i)：取出第 i 个元素，并删除。

lst1.remove(x)：删除 x 在 lst1 第一次出现的 x。

lst1.reverse()：将列表元素反转。

5. 字典(dict)

(1) 概念:无序的可变序列,每个元素包含"键"和"值"两部分,表示一种映射或对应关系。

(2) 形式:字典的每个元素都有两个成员,一个键(key)和一个对应值(value)。其中,键和值通过冒号分隔,不同元素(键值对)通过逗号分隔,所有元素放在一对花括号"{ }"中。字典中的键不能重复,是唯一的,但是值可以重复。例如:

```
aDict={"孙悟空":"金箍棒","猪八戒":"九齿钉耙","沙僧":"月牙铲"}
sun_wukong={"别称":"齐天大圣","武器":"如意金箍棒","排行":1,"技能":["七十二
变","筋斗云"]}
```

(3) 字典元素的查找、插入、修改和删除。

```
sun_wukong={"武器":"如意金箍棒","排行":1,"技能":["七十二变","筋斗云"]}
#查找字典中的 key,value
print(sun_wukong["武器"])                        #输出:如意金箍棒
#插入键对值:能力值,100
sun_wukong['能力值']=100
print(sun_wukong)   #输出:{'武器':'如意金箍棒','排行':1,'技能':['七十二变','筋斗
云'],'能力值':100}
#根据 Key 修改 value,修改排行为 2
sun_wukong['排行']=2
print(sun_wukong) #输出:{'武器':'如意金箍棒','排行':2,'技能':['七十二变','筋斗
云'],'能力值':100}
#根据 key 删除键值对,删除技能这一项
sun_wukong.pop("技能")
print(sun_wukong) #输出为{'武器':'如意金箍棒','排行':2,'能力值':100}
```

7.3　实　验　范　例

7.3.1　实验1　五行山的解救Ⅰ

7-1

在《西游记》中,孙悟空因大闹天宫而被压在五行山下。唐僧作为取经人,必须在特定的时间内解救孙悟空,以便一同前往西天取经。假设此时唐僧距离五行山 500 千米,唐僧每天的行进距离是固定的,根据唐僧的行进速度,计算出他到达五行山解救孙悟空的天数(如果天数不能整除,直接用 int()格式转换取整)。

1) 输入样例

请输入唐僧每天固定的行进小时数(整数):8。
请输入唐僧每天的平均行进速度(千米,浮点数):2.5。

2) 输出样例

预计将在 25 日到达五行山解救孙悟空。

3）参考代码

```
journey_days = int(input("请输入唐僧每天固定的行进小时数(整数):"))
average_speed = float(input("请输入唐僧每天的平均行进速度(千米/小时,浮点数):"))
#定义五行山距离(自定义一个常量表示)
five_elements_mountain_distance = 5000
#计算所需天数
required_days = five_elements_mountain_distance / (average_speed * journey_
days)
print("预计将在{}日到达五行山解救孙悟空。".format(required_days))
```

7.3.2　实验 2　字符串——唐僧的紧箍咒

在《西游记》中，唐僧时常在孙悟空犯浑时默念紧箍咒，唐僧一念咒，孙悟空便头疼欲裂。紧箍咒译成中文，仅仅六个字"唵、嘛、呢、叭、咪、吽"，请输入唐僧念紧箍咒的次数 n，输出重复 n 次的紧箍咒。

1）输入样例

3

2）输出样例

唵嘛呢叭咪吽唵嘛呢叭咪吽唵嘛呢叭咪吽

3）参考代码

```
n=int(input())
mantra = "唵嘛呢叭咪吽"
repeated_mantra = mantra * n
print(repeated_mantra)
```

7.3.3　实验 3　列表——功成名就

7-2

师徒五人历经九九八十一难取得真经，来到灵山，佛祖封唐僧为"旃檀功德佛"，封孙悟空为"斗战胜佛"，封猪八戒为"净坛使者"，封沙僧为"金身罗汉"。

（1）请依次输出对应角色的封号信息。

① 参考代码。

```
role_data=[["唐僧","旃檀功德佛"],["孙悟空","斗战胜佛"],["猪八戒","净坛使者"],
["沙僧","金身罗汉"]]
for i in range(len(role_data)):
    print("{}的封号是{}。".format(role_data[i][0],role_data[i][1]))
```

② 输出结果。

唐僧的封号是旃檀功德佛。

孙悟空的封号是斗战胜佛。

猪八戒的封号是净坛使者。

沙僧的封号是金身罗汉。

(2) 以上角色封号少了白龙马——八部天龙。请在列表中增加"白龙马"的信息。

分析:增加白龙马的信息,即是在列表末尾增加元素,添加代码如下。

```
lst=["白龙马","八部天龙"]
role_data.append(lst)
```

(3) 请给角色按顺序增加编号,编号初始值从 1 开始。

分析:给每一个角色(相当于给列表 people_data[i]的列表元素索引 0 处)添加编号值。

(4) 请给角色增加性格特点信息。唐僧:慈悲心肠。孙悟空:机智勇猛。沙僧:憨厚老实。白龙马:任劳任怨。

分析:将性格按照编号顺序添加进一个新列表 character 中,方便插入 people_data 列表中。

① 参考代码。

```
role_data=[["唐僧","旃檀功德佛"],["孙悟空","斗战胜佛"],["猪八戒","净坛使者"],
["沙僧","金身罗汉"]]
lst=["白龙马","八部天龙"]                        #定义白龙马的信息
character=["慈悲心肠","机智勇敢","好吃懒做","憨厚老实","任劳任怨"]
                                              #定义性格特点信息列表
role_data.append(lst)                          #列表中增加白龙马的信息元素
for i in range(len(role_data)):
role_data[i].insert(0,i+1)                      #给角色按照顺序增加编号
role_data[i].insert(3,character[i])             #给角色增加性格特点
print(role_data[i])
```

② 输出结果。

```
[1,'唐僧','旃檀功德佛','慈悲心肠']
[2,'孙悟空','斗战胜佛','机智勇敢']
[3,'猪八戒','净坛使者','好吃懒做']
[4,'沙僧','金身罗汉','憨厚老实']
[5,'白龙马','八部天龙','任劳任怨']
```

(5) 进阶思考:尝试输入其他角色的其他属性和行为,对列表中角色元素进行增删查找等操作。

7.4 实 验 习 题

1. 已知铁丝周长为 n 厘米,围成一个正方形,输入 n,求正方形面积。

2. 求三位数各位数字。输入一个任意三位整数(可正可负),输出该数字的个位、十

位和百位数字。

【输入样例】：

```
-123
```

【输出样例】：

```
3 2 1
```

3. 找出最大值和最小值。输入若干个（至少一个）正整数，输出它们的最大值和最小值。

输入格式：在一行中输入若干个数，以空格分隔。

输出格式：按以下形式换行输出最大值和最小值。

```
Max=?
Min=?
```

【输入样例】：

```
4 5 67 3 99 2 7
```

【输出样例】：

```
Max=99
Min=2
```

4. 求最大值及其索引。找出给定的 n 个数中的最大值（如果有多个最大值，只找第一个即可）及其对应的正向索引。

输入格式：在第一行输入若干个整数，用空格分隔。

输出格式：在一行中输出最大值及最大值的索引，中间用一个空格分隔。

【输入样例】：

```
2 8 10 1 9 10
```

【输出样例】：

```
10 2
```

5. 输入一个列表（列表元素中无重复），将最大的元素与第一个元素交换，并且将最小的元素与最后一个元素交换，输出处理后的列表，样例如表 7-2 所示。

表 7-2　列表

输 入 样 例	输 出 样 例
[9,2,3,49,4,8]	[49, 8, 3, 9, 4, 2]
[1,2,100,5,7,6]	[100, 2, 6, 5, 7, 1]

6. 求字符串长度。输入一个字符串（可能包含空格，长度不超过 20），输出该字符串的长度。

【输入样例】:

welcome to acm world

【输出样例】:

20

7. 求字符串子串。输入一个字符串,按照要求输出该字符串的子串。

输入格式:首先输入一个正整数 k,然后是一个字符串 s(可能包含空格,长度不超过 20),k 和 s 之间用一个空格分开(k 大于 0 且小于或等于 s 的长度)。

输出格式:在一行中输出字符串 s 从头开始且长度为 k 的子串。

【输入样例】:

10 welcome to acm world

【输出样例】:

welcome to

8. 截取字符串。用户在三行中分别输入一个字符串 s 和两个整数 m、n,输出字符串 s 中位于 m 和 n(包括 m 但不包括 n,$m<n$)之间的子字符串。

【输入样例】:

Python programming
2
5

【输出样例】:

tho

9. 输入姓名,问好。从键盘输入姓名,对姓和名切片,然后按照问好格式输出。要求格式如下。

你好,***同学。
＊同学,很高兴认识你。
**同学,我们交个朋友吧!

【输入样例】:

黄小燕

【输出样例】:

你好,黄小燕同学。
黄同学,很高兴认识你。
小燕同学,我们交个朋友吧!

10. 编写程序,让用户在键盘上输入一个包含若干整数的列表,输出反转后的列表。

【输入样例】:

2,4,6,8,10

【输出样例】:

10,8,6,4,2

11. 利用字典创建朋友通讯录。请按照小明的步骤完成通讯录 dicTX 的创建,步骤如下。

(1) 小明先根据三位朋友的联系方式(包括手机号和 QQ 号)创建一个字典 dicTX。

```
dicTX = {'小红': ['13911000001', '24241220001'],
         '小杜': ['13911000002', '24241220002'],
         '小刚': ['13911000003', '24241220003']}
```

(2) 然后将小丁已经建好的字典 dicOther 合并进新建的通讯录字典 dicTX 中。

```
dicOther = {'大刘': ['13912000001', '24241230001'],
            '大王': ['13912000002', '24241230002'],
            '大张': ['13912000003', '24241230003']}
```

(3) 合并之后,小明给通讯录增加一列微信号信息。他询问了相关同学的微信号,存储在字典 dicWX 中,然后合并进 dicTX 中,没有询问到微信号的同学都默认微信号为其手机号码。

```
dicWX = {'小红': 'hh9907','小刚': 'gang1004','大王': 'jack_w','大刘': 'liu666'}
```

实现:输入姓名,查找对应同学的手机号、QQ 号和微信号,如果输入的姓名不存在,则返回"没有该同学的联系方式"。

输入格式:使用 input()函数获取用户输入的姓名。

输出格式:使用 print()函数输出对应的手机号、QQ 号和微信号。

【输入样例】:

小刚

【输出样例】:

13913000003
24241220003
gang1004

7.5 实验思考

1. 利用已学的序列类型,将《西游记》中的角色信息组合创建一个信息簿。

2. Python 字典的应用场景广泛,可进行数据存储、数据分析等,请结合生活或学习实际练习字典类型数据分析。

第 8 章 程序控制结构

8.1 实 验 目 的

(1) 理解分支结构的特点,掌握分支结构中判断条件的表达。

(2) 理解循环结构的概念,学习如何根据具体需求选择合适的循环结构。

(3) 掌握 range()函数的使用。

(4) 掌握运用 for 语句和 while 语句实现循环结构和循环嵌套。

(5) 掌握循环结构中常见的控制语句,如 break、continue 等。

(6) 能用分支结构和循环结构解决实际问题,培养逻辑思维和问题解决能力。

8.2 相 关 知 识

8.2.1 分支结构

分支结构允许程序根据特定条件执行不同的代码块,Python 通过 if 语句实现分支结构。主要包括 if、elif 和 else 语句。分支结构具有单分支、双分支、多分支和嵌套分支 4 种形式。

1. 单分支

if 语句:当条件表达式的值为 True(真)时,执行缩进的语句块。基本结构如下。

```
if 条件表达式:
    <语句块>
```

2. 双分支

当条件表达式的值为 True(真)时,程序执行语句块 1;当条件表达式的值为 False(假)时,程序执行语句块 2。

```
if 条件表达式:
    <语句块 1>
else :
    <语句块 2>
```

3. 多分支

当分支超过两个时,采用 if 语句的多分支语句。当条件表达式 1 的值为 True(真)时,程序执行语句块 1;当条件表达式 1 的值为 False(假)时,判断条件表达式 2 的值;当条件表达式 2 的值为 True(真)时,程序执行语句块 2;当条件表达式 2 的值为 False(假)时,判断条件表达式 3 的值,依次判断,一直到所有的条件表达式的值都为 False(假)时,执行 else 后的语句块 n+1。基本结构如下。

```
if 条件表达式 1:
    <语句块 1>
elif 条件表达式 2:
    <语句块 2>
elif 条件表达式 3:
    <语句块 3>
  ⋮
else:
    <语句块 n+1>
```

4. 嵌套分支

在一个分支结构中完整地嵌套了另一个完整的分支结构,里面的分支结构称为内层分支,外面的分支结构称为外层分支。注意:分支嵌套不要超过三层,否则可读性不太好。使用 if 语句嵌套的时候,else 遵守就近原则,也就是 else 会和最近的 if 进行匹配,所以使用 if 语句的时候,最好使用{}将代码括起来。基本结构如下。

```
if 条件表达式 1:
    if 条件表达式 2:
        <语句块 1>
    else:
        <语句块 2>
else:
    if 条件表达式 3:
        <语句块 3>
    else:
        <语句块 4>
```

8.2.2　for 循环

1. for 循环

for 循环也称为"遍历循环",常用于遍历字符串、列表、元组、字典、集合等序列类型,逐个获取序列中的元素值。基本结构如下。

```
for 循环变量 in 遍历结构:
    <语句块 1>
```

遍历结构可以是字符串/列表/元组/字典/集合,如果要遍历一定范围内的整数,通常会用 range()函数来构造一个有序序列。

2. range()函数

range()是一个内置函数,用于生成一系列连续的整数,创建一个整数列表,常用于 for 循环语句中。函数语法如下。

```
range(start, stop[, step])
```

参数说明如下。

start:计数从 start 开始。默认从 0 开始,可省略。

stop:计数到 stop 结束,但不包括 stop。

step:步长。默认为 1,可省略。

例如:

① range(5)是[0,1,2,3,4]。

② range(0,5,1)是[0,1,2,3,4],没有 5。

③ range(0,5)等价于 range(0,5,1),是[0,1,2,3,4]。

④ range(0,5,2)是[0,2,4]。

8.2.3　while 循环

1. while 循环

while 循环又称为条件循环,根据条件来判断相应的语句块是否重复执行。当条件表达式的值为真(True)时,则执行语句块,语句块执行完毕后,再次判断条件表达式的值是否为真,若仍为真,则继续执行语句块,语句块执行完毕后继续判断条件表达式的值,直到条件表达式的值为假(False),才结束执行语句块。语句块内必须有代码来修改条件表达式中的变量,否则 while 循环可能就会永远重复下去。while 循环的基本结构如下。

```
while 条件表达式:
    <语句块>
```

2. for 循环和 while 循环的异同

for 循环与 while 循环的相同之处即都实现了循环,for 循环都可以转换成 while 循环。两者的不同之处在于 while 循环的循环次数取决于条件何时变为假,for 循环的循环次数取决 in 后包含的元素的个数。

8.2.4　控制语句 break 和 continue

使用 break 和 continue 语句可以实现控制循环执行。

使用 continue 语句跳过执行本次循环体中剩余的代码,转而执行下一次循环。continue 只是终止执行本次循环中剩下的代码,并不终止整个循环,而是直接跳转进入下一次循环。

使用 break 语句终止当前循环主体,执行 while 循环或 for 循环后的代码。无论是 while 循环还是 for 循环,只要执行 break 语句,就会直接结束当前正在执行的循环体。break 语句一般会结合 if 语句搭配使用,表示在某种条件下跳出循环体。

8.3　实 验 范 例

8.3.1　实验 1　五行山的解救Ⅱ

8-1

在《西游记》中,孙悟空因大闹天宫而被压在五行山下。唐僧作为取经人,必须在特定的时间内解救孙悟空,以便一同前往西天取经。假设此时唐僧距离五行山 500 千米,唐僧每天的行进时间是固定的,根据唐僧的行进速度,已知解救孙悟空的最后期限为 20 天,请判断唐僧是否能在最后期限日前达到解救悟空,请编程实现(如果天数不能整除,直接用 int()格式转换取整)。

输入输出样例如表 8-1 所示。

表 8-1　输入输出样例

输　　入	输　　出
请输入唐僧每天固定的行进小时数(整数):8 请输入唐僧每天的平均行进速度(千米/小时,浮点数):5	预计将在 12 日到达五行山 悟空能在 12 日后被解救
请输入唐僧每天固定的行进小时数(整数):6 请输入唐僧每天的平均行进速度(千米/小时,浮点数):3.5	预计将在 23 日到达五行山 悟空能在 23 日后被解救
请输入唐僧每天固定的行进小时数(整数):8 请输入唐僧每天的平均行进速度(千米/小时,浮点数):2.5	预计将在 25 日到达五行山 唐僧行进速度需要加快了

参考代码如下。

```
journey_days = int(input("请输入唐僧每天固定的行进小时数(整数):"))
average_speed = float(input("请输入唐僧每天的平均行进速度(千米/小时,浮点数):"))
#定义五行山距离(假设)
five_elements_mountain_distance = 500  #五行山距离,单位:千米
#计算所需天数
required_days = five_elements_mountain_distance / average_speed
print("预计将在{}日到达五行山。".format(required_days))
if required_days <=20:
    print("悟空能在{}日后被解救".format(required_days))
else:
    print("唐僧行进速度需要加快了")
```

【进阶思考】
若输入出发日期和限定日期,判断唐僧是否能在限定日期到达解救悟空。提示:两个日期间的天数计算成为思考的难点。

8-2

8.3.2 实验 2 西行漫记:取经之路的智能决策

假如你作为西游记唐僧师徒中的一员,在取经路上,需要决定如何应对各种挑战,包括选择路径、对抗妖怪、寻找食物等。你的选择将受到妖怪、天气、食物供给等因素的影响。输入不同条件,并给出图 8-1 所示的对应决策建议的思维导图。

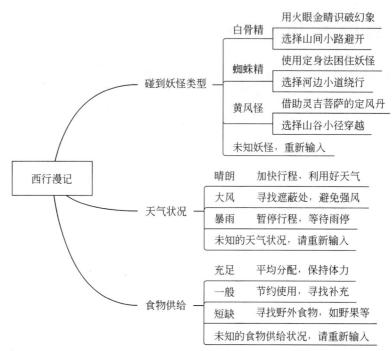

图 8-1 条件对应决策建议思维导图

参考代码如下。

```python
#用户输入
monster_type = input("你遇到了哪种妖怪?(白骨精、蜘蛛精、黄风怪):")
weather_condition = input("当前的天气状况如何?(晴朗、大风、暴雨):")
food_status = input("队伍的食物供给情况如何?(充足、一般、短缺):")
#决策逻辑
if monster_type == "白骨精":
    strategy = "用火眼金睛识破幻象"
    path_choice = "选择山间小路避开"
elif monster_type == "蜘蛛精":
    strategy = "使用定身法困住妖怪"
    path_choice = "选择河边小道绕行"
elif monster_type == "黄风怪":
    strategy = "借助灵吉菩萨的定风丹"
    path_choice = "选择山谷小径穿越"
else:
    monster_type="未知的妖怪类型"
```

```
        strategy  = "按照规定"
    path_choice ="重新输入"
if weather_condition == "晴朗":
    travel_advice = "加快行程,利用好天气"
elif weather_condition == "大风":
    travel_advice = "寻找遮蔽处,避免强风"
elif weather_condition == "暴雨":
    travel_advice = "暂停行程,等待雨停"
else:
    weather_condition= "未知的天气状况"
    travel_advice ="重新输入"
if food_status == "充足":
    food_plan = "平均分配,保持体力"
elif food_status == "一般":
    food_plan = "节约使用,寻找补充"
elif food_status == "短缺":
    food_plan = "寻找野外食物,如野果等"
else:
    weather_condition="未知"
    travel_advice = "重新输入"
#结果输出
print("面对{0},你应该{1},{2}。\n由于{3},建议你{4}。\n此刻食物供给{5},你应该
{6}。".format(monster_type,strategy,path_choice,weather_condition,travel_
advice,food_status,food_plan))
```

8.3.3　实验 3　for 循环——九九八十一难

8-3

话说唐僧师徒西天取经,要经过九九八十一难才能修成正果。请编写程序,模拟唐僧师徒经历八十一难的过程。

【输出样例】:

唐僧师徒正在经历第 1 难。
⋮
唐僧师徒正在经历第 81 难。
经过长途跋涉,唐僧师徒成功经历了 81 难,继续他们的西天取经之旅。

参考代码如下。

```
#定义难关总数
total_difficulties = 81
#初始化已经历的难关数
difficulties_survived = 0
#模拟经历每一难
for difficulty in range(1, total_difficulties + 1):
#打印当前经历的难关编号
    print("唐僧师徒正在经历第{}难。".format(difficulty))
#增加已经历的难关数
    difficulties_survived += 1
```

```
#所有难关经历完毕
print("经过长途跋涉,唐僧师徒成功经历了{}难,取得真经".format(difficulties_
survived))
```

8-4

8.3.4 实验 4 while 循环——悟空吹毛变小猴

蟠桃园仙桃数量众多,孙悟空被要求在很短时间内摘 10000 只桃子送去蟠桃宴。悟空灵机一动,可以吹毛变猴帮手,一次一只猴子只能摘一个桃子,已知吹毫毛一次,可以使小猴的数量翻倍。孙悟空被要求在最短的时间内变出足够多的小猴来帮忙摘取蟠桃园的仙桃。编写程序计算孙悟空需要吹毫毛几次才能变出至少 10000 只小猴。

【输出样例】:

孙悟空需要吹毫毛 14 次才能变出至少 10000 个小猴。

参考代码如下。

```
#初始小猴数量
num_monkeys = 1
#目标小猴数量
target_monkeys = 10000
#初始吹毛次数
num_of_blows = 0
#计算需要吹毫毛的次数
while num_monkeys < target_monkeys:
    num_monkeys *= 2
    num_of_blows += 1
Print("孙悟空需要吹毫毛{}次才能变出至少{}个小猴。".format(num_of_blows,target_
monkeys))
```

【进阶思考】:

如果仙桃摘取目标数由王母娘娘自行输入设定,程序该怎么改?如果再叠加上摘桃时间要求,程序又该如何改呢?

8-5

8.3.5 实验 5 孙悟空的法力修炼

假设在《西游记》取经路上,孙悟空的法力每天都在变化。在一年的 365 天里,孙悟空的法力值以第一天的能力值为基数,记为 1.0。当孙悟空勤奋修炼时,他的法力值相比前一天提高千分之一;当他放任自流时,法力值相比前一天下降千分之一。每天努力和每天放任,一年之后的能力值相差多少呢?

【输出样例】:

一年后,每天努力,孙悟空的法力值为:1.44。
一年后,每天放任,孙悟空的法力值为:0.69。
一年后,每天努力和每天放任,孙悟空的法力值变化为:0.75。

参考代码如下。

```
power_up=1.0                                    #初始法力值
power_down=1.0
#模拟一年的每一天
for day in range(365):
        power_up = power_up * (1+0.001)
        power_down=power_down * (1-0.001)
difference=power_up - power_down
print("一年后,每天努力,孙悟空的法力值为:{:.2f}".format(power_up))
print("一年后,每天放任,孙悟空的法力值为:{:.2f}".format(power_down))
print("一年后,每天努力和每天放任,孙悟空的法力值变化为:{:.2f}".format(difference))
```

1. 进阶思考一

如果一年里,悟空每周 5 天勤奋修炼,周末 2 天休息,能力值为多少,一年之后的能力值相差多少呢?

参考代码如下。

```
power=1.0                                       #初始法力值
days=365
#模拟一年的每一天
for day in range(days):
#孙悟空每周 5 天努力,2 天放任
    if  day%7  in  [6,0]:
        power = power * (1-0.001)               #2 天放任自流,法力值下降千分之一
    else:
        power = power * (1+0.01)
print("一年后,悟空五天努力努力,2 天放任,法力值为:{:.2f}".format(power))
difference=power-1.0
print("一年后,一半努力和一半放任,孙悟空的法力值变化为:{:.2f}".format(difference))
```

2. 进阶思考二

修改上述程序,尝试解决问题:如果每周 4 天好好学习,周五周六周日放任,一年后,孙悟空的法力值变化为多少?

3. 进阶思考三

修改上述程序,尝试解决问题:如果能力基数是 1,孙悟空每天进步 1%,多少天后悟空的能力值变为 2?

8.3.6　实验 6　九环锡杖猜猜猜

8-6

在《西游记》中,观音菩萨给唐僧一个法器,名叫九环锡杖,锡杖上有 9 个环,每个环内藏有一个佛家的法宝。假设其中一个环内的法宝打开密码是一个 0 到 9 之间的数字(神秘数字由系统随机产生,一经产生,不再变化)。唐僧的徒弟们只有猜对这个神秘数字才能取用其中的法宝。他们每人轮流猜一次,根据提示继续猜测,直到猜中为止。猜中结束

后,显示猜测的次数总和。

参考代码如下。

```python
import random
#预设神秘数字
mysterious_number = random.randint(1,10)        #假设这个神秘数字是随机产生
#初始化猜测次数计数器
guess_count = 0
#使用 while 循环进行游戏
while True:
    #提示玩家输入猜测的数字
    player_guess = int(input("请输入你猜测的数字(0-9):"))
    guess_count += 1                            #增加猜测次数
    #判断猜测结果
    if player_guess > mysterious_number:
        print("遗憾,太大了。")
    elif player_guess < mysterious_number:
        print("遗憾,太小了。")
    else:
        print("恭喜你,猜中了!神秘数字正是{},总共猜了{}次".format(mysterious_number,guess_count))
        break                                   #猜中数字,结束循环
```

【进阶思考】:

限定猜测次数为 5,如果超过 5 次(不包含 5 次),则法宝锁死,不能再打开,给出提示:达到猜测次数上限,法宝锁死;如果刚好在 5 次以内,且猜测数字成功,解开法宝,提示"恭喜你,猜中了! 神秘数字正是 xx,总共猜了 x 次"。在每次猜测过程中,都会给出对应的猜大猜小猜对的提示。请编写程序实现该过程。

8.4 实 验 习 题

1. 输入一个正整数表示年份,如果是闰年,输出"Yes",否则输出"No"。

2. 编程实现输入 $PM_{2.5}$ 的值,来判断空气质量等级。样例如表 8-2 所示。

表 8-2 样例

$PM_{2.5}$ 的值	空气质量等级
0~35	优
35~75	良
75 及以上	污染

3. 输入一个正整数 n,如果 n 不大于 12,就输出"人生苦短我用 Python"的前 n 个字符,否则输出"n 必须小于或等于 12"。

4. 不积跬步,无以至千里,从 2 到 n 累加求和。输入正整数 $n(n>2)$,输出从 2 到 n 的累加和。样例如表 8-3 所示。

表 8-3 样例

输 入 样 例	输 出 样 例
5	14
100	5049

5. 求 5 的倍数的累加和。读入 1 个正整数 n,输出 $0\sim n$(包括 n)中 5 的倍数的累加和。样例如表 8-4 所示。

表 8-4 样例

输 入 样 例	输 出 样 例
11	15
20	50

6. 判断火车票座位。我国高铁一等座车座席采用 2+2 方式布置,每排设有"2+2"方式排列四个座位,以"A、C、D、F"代表,字母"A"和"F"的座位靠窗,字母"C"和"D"靠中间走道。二等座车座席采用 2+3 布置,每排设有"3+2"方式排列五个座位,以"A、B、C、D、F"代表,字母"A"和"F"的座位靠窗,字母"C"和"D"靠中间走道,"B"代表三人座中间座席。每个车厢座位排数是 1~17,字母不区分大小写。假设用户输入一个数字和一个字母组成的座位号,根据字母判断位置是窗口、过道还是中间座席,输入不合法座位号时输出"输入错误"。样例如表 8-5 所示。

表 8-5 样例

输 入 样 例	输 出 样 例
12F	窗口
2C	过道
3B	中间坐席
18F	输入错误

7. N 位自幂数。N 位自幂数是指一个 N 位数,它的每一位上的数字的 N 次幂之和等于它本身。我们把三位自幂数称为水仙花数、四位自幂数称为四叶玫瑰数、五位自幂数称为五角星数、六位自幂数称为六合数、七位自幂数称为北斗七星数、八位自幂数称为八仙数、九位自幂数称为九九重阳数、十位自幂数称为十全十美数。

输入一个 3~10 位的正整数 N,例如:输入正整数 371,如果 $3^3+7^3+1^3=371$,则输出 371 是水仙花数。样例如表 8-6 所示。

表 8-6 样例

输 入 样 例	输 出 样 例
371	371 是水仙花数

输 入 样 例	输 出 样 例
45789	45789 不是自幂数
1741725	1741725 是北斗七星数

8. 输出 100 以内的偶数,要求输出的数字每 5 个换行。

【输出样例】:

```
2 4 6 8 10
12 14 16 18 20
22 24 26 28 30
32 34 36 38 40
42 44 46 48 50
52 54 56 58 60
62 64 66 68 70
72 74 76 78 80
82 84 86 88 90
92 94 96 98 100
```

9. 输入大于 1 的正整数 n,计算 $1\times1+2\times2+3\times3+4\times4+\cdots+n\times n$ 的值。

【输入样例】:

```
5
```

【输出样例】:

```
55
```

10. 输入一个正整数 n,输出一个 n 行 n 列的三角形星星图形。

【输入样例】:

```
5
```

【输出样例】:

```
*
* *
* * *
* * * *
* * * * *
```

11. 从键盘输入一组成绩,存入列表中,成绩分别以逗号隔开,统计各个成绩段: score≥90、80≤score<90、70≤score<80、60≤score<70、score<60 的人数,并按照输出样例格式输出。

【输入样例】:

```
100,65,66,76,66,54,87,88,90,93,83
```

【输出样例】:

60 分以下人数:1
60~70 人数为:3
70~80 人数为:1
80~90 人数为:3
90 分以上的人数为:3

12. 简单模拟一步一步向前走。起点在坐标(0,0),编写程序解答经过一系列走动后所在的位置坐标。L 表示向左走一步,R 表示向右走一步,U 表示向上走一步,D 表示向下走一步。

输入一个数 n,表示走了 n 步($n \leqslant 1000$),换行输入 n 行字母,表示向哪个方向走。输出的两个数分别表示 X 和 Y 的坐标,如下所示输出样例,一开始向上走了 3 步,然后又向右走了 2 步,所以现在所在的坐标是(2,3)。

【输入样例】:

5
U
U
U
R
R

【输出样例】:

2 3

13. 请编写程序,绘制图 8-2 所示的同心圆。该同心圆共 20 层,每一层圆的间隔自定。

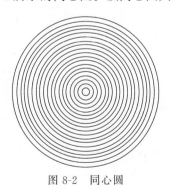

图 8-2　同心圆

8.5　实　验　思　考

1. 在《西游记》中的很多章节,悟空做出了选择才有了后续故事。请挑出其中一段,尝试用编程实现。

2. 设计一个简单的迷宫冒险游戏,游戏包含 3 个关卡,每个关卡都有一个或多个线索供玩家选择路线,帮助玩家找到正确路线。

3. 在《西游记》的取经路上,孙悟空凭借火眼金睛能够识别各种变化多端的妖怪。现在,计算机随机选择一个角色的名字,玩家扮演孙悟空,猜测遇到的妖怪身份。编写程序实现猜测过程。

4. 在唐僧师徒取经路上,遇到一个如图 8-3 所示的地形图,编写程序打印出此图形。

```
AAAAAAAAAAAAAAAAAA
 BBBBBBBBBBBBBBBB
  CCCCCCCCCCCCCC
   DDDDDDDDDDDD
    EEEEEEEEEE
     FFFFFFFF
      GGGGGG
       HHHH
        II
```

图 8-3　地形图

第 9 章 Python 函数

验 目 的

（ ）
（ ）......方法,理解函数参数的概念和传递方式,理解变
量的作......

（ ）
（ ）......培养模块化编程的思想,提高代码复用性。

关 知 识

9.2. ......

......的语句组,可通过函数名进行功能调用。函数有......

以下......

```
<函数体>
return (返回值)
```

（3）有参数,无返回值的形式。

```
def 函数名(形式参数表):
    <函数体>
```

（4）有参数,有返回值的形式。

```
def 函数名(形式参数表):
    <函数体>
    return (返回值)
```

注意:

① 函数名不能与内置函数或变量重名,不能以数字开头。

② 形式参数表:是用逗号分隔开的多个参数,也可以省略。

③ 函数是否有返回值,取决于函数定义中是否包含 return 语句,return[返回值]表示函数运行结果,并将返回值作为被调函数的结果,返回到主调函数中继续执行。return 语句可以返回多个值。根据需求来设计函数是否需要返回值,如果要返回多个值,在 return 关键字后将返回值用逗号隔开即可。

2. 函数的调用

通过函数名来调用执行函数。调用的方式如下。

函数名(实际参数表)

注意:

① 如果调用的函数在定义时有形参,调用时就应该写上实参来传递参数。

② 调用时,实参的个数和先后顺序应该和定义函数中形参要求的一致。

③ 如果调用的函数有返回值,可以用一个变量来保存这个返回值。

函数调用的 4 个步骤如下。

① 程序执行到函数调用时,在调用处进入函数。

② 将实参赋值给函数的形参。

③ 执行函数体中的语句。

④ 调用结束后,回到调用处继续执行,如果函数体中执行了 return 语句,return 关键字后的值会返回到暂停处,供程序使用,否则函数返回 None 值。

3. 变量的作用域

变量起作用的代码范围称为变量的作用域,它决定了在哪一部分程序可以访问某些特定的变量。两种最基本的变量作用域是全局变量和局部变量。

1) 全局变量

① 在函数之外定义的变量,可以通过 global 关键字来声明全局变量。

② 在整个程序执行全过程中都有效。

2) 局部变量

① 在函数、类等内部定义的变量。

② 仅在函数内部有效,局部变量将在函数运行结束之后自动删除。

9.2.2　模块化编程思维

把一个大问题分解成一块块小问题,这些小问题称为模块。模块中可以定义变量、函数、类、普通语句等。将一个 Python 程序分解成多个模块,便于后期的重复应用。每个模块就像一个积木一样,便于后期的反复使用,反复搭建。

模块化的优点是:将一个任务分解成多个模块,实现团队协同开发,提高并行开发效率;实现代码复用,一个模块实现后,可以被反复调用;模块之间的低耦合性使得可维护性增强;独立的模块可以进行单独测试。

Python 标准库提供了大量模块,涵盖了各种各样功能,从文件处理到网络编程,再到数据科学和人工智能。以下列举了一些常用的标准库模块。

① math 模块:提供了数学运算的函数,如 sqrt、sin、cos 等。

② os 模块:允许与操作系统交互,执行文件和目录操作,如文件的读写、目录的创建等。

③ random 模块:用于生成伪随机数,支持随机选择、洗牌等操作。

④ datetime 模块:处理日期和时间,提供了日期时间的表示和操作功能。

⑤ requests 模块:用于发送 HTTP 请求,方便实现与网络资源的交互。

Python 中导入模块的方法主要有 import 语句。如:

```
import math
math.sqrt(9)
输出:>>>3.0
```

9.3　实　验　范　例

9.3.1　实验 1　悟空七十二变

在《西游记》中,孙悟空神通广大,他最突出的能力就是七十二变。孙悟空凭借这一能力,在取经路上多次化解危机,战胜妖魔。定义一个 Python 函数,名为 SunWukongTransforms,模拟孙悟空的七十二变。

【输出样例】:

孙悟空变成了小鸟。
孙悟空变成了蜜蜂。
孙悟空变成了鱼。
孙悟空变成了牛魔王。

参考代码如下。

```
def  SunWukongTransforms(transform_what):   #定义 SunWukongTransforms 函数
    print("孙悟空变成了{}。".format(transform_what))
SunWukongTransforms("小鸟")                 #调用函数,实参为"小鸟"
SunWukongTransforms("蜜蜂")                 #调用函数,实参为"蜜蜂"
SunWukongTransforms("鱼")                   #调用函数,实参为"鱼"
SunWukongTransforms("牛魔王")
```

9.3.2 实验2 平顶山智斗金银角大王

在《西游记》中,面对金角大王、银角大王,孙悟空为了救出被金角大王和银角大王捉走的唐僧等,巧妙地运用了变身术。他首先变成小鸟,监督并捉弄猪八戒去巡山;金角大王和银角大王将唐僧等抓去后,悟空变成老道,从小妖那里盗走了羊脂玉净瓶等宝贝;又变身成小虫打听消息;又变身成老妖婆混入妖怪洞府,准备解救师傅。结果被识破,又变成假悟空脱身,随后,他利用这些宝贝与金角大王和银角大王斗智斗勇,终于将金、银角大王降伏。请编写程序,定义变身函数 Transforms(),输出描述上述剧情。

【输出样例】:

```
唐僧师徒离开了宝象国,来到平顶山,悟空命八戒去巡山。
悟空变成了小鸟,去监督捉弄猪八戒,猪八戒不敢再偷懒。
银角大王变成了三座大山,去压住悟空。
悟空被压,师徒其他人被抓。
悟空变成了老道,去从小妖手里骗走羊脂玉净瓶。
悟空变成了小虫,去探听妖怪下一步计划。
悟空变成了老妖婆,去妖怪洞解救唐僧等。
悟空变成了假悟空,去救出自己。
者行孙智斗金银角大王。
金银角大王变成了一对道童,去跟随太上老君修炼了。
```

参考代码如下。

```python
#定义变身函数 Transforms()
def Transforms(who,transform_what,aim):
    print("{}变成了{},去{}。".format(who,transform_what,aim))
#主函数
print("唐僧师徒离开了宝象国,来到平顶山,悟空命八戒去巡山")
#调用变身函数
Transforms("悟空","小鸟","监督捉弄猪八戒,猪八戒不敢再偷懒")
                                          #输出:孙悟空变成了小鸟。
Transforms("银角大王","三座大山","压住悟空")
print("悟空被压,师徒其他人被抓\n")
Transforms("悟空","老道","从小妖手里骗走羊脂玉净瓶")
Transforms("悟空","小虫","探听妖怪下一步计划")        #输出:孙悟空变成了小虫。
Transforms("悟空","老妖婆","妖怪洞解救唐僧等")        #输出:孙悟空变成了老妖婆
Transforms("悟空","假悟空","救出自己")
print("者行孙智斗金银角大王\n")
Transforms("金银角大王","一对道童","跟随太上老君修炼去了")
```

9-3

9.3.3 实验3 孙悟空三打白骨精

在《西游记》中,白骨夫人一心想吃唐僧肉,但又害怕孙悟空火眼金睛识破本相,于是三次分别变化为村姑、老婆婆和老头,以打动唐僧。孙悟空的火眼金睛每次都能精准识别

白骨精的化身,三打白骨精,却被师父误会,被驱逐回花果山。假设故事改编为:白骨精化身为村姑、老婆婆或老头时,悟空才能真正识别,而对其他白骨精的化身,悟空为谨慎起见,以为是普通村民,选择不动手。他只有三次识别机会,超过三次而没有完全识别白骨精,唐僧就可能被抓走。编写程序,模拟该改编过程。

解题思路如下。

① 定义了 identify_disguise(character)函数,该函数用于判断孙悟空识别白骨精成功,通过返回值 True 或 False 来确定。

② 定义 defeat_white_bone_spirit()函数来模拟悟空三打白骨精的过程,使用了基础的条件语句和 for 循环,判断悟空 3 次是否全部准确识别。

③ break 语句在 3 次识别成功时跳出识别过程。

参考代码如下。

```
#定义判断悟空识别妖怪函数
def identify_disguise(character):
    list=["村姑","老婆婆","老头"]
    if character in list:
        print("孙悟空用火眼金睛识破了白骨精的{}伪装。".format(character))
        return True
    else:
        print("孙悟空误以为是普通村民,没有动手。")
        return False
#定义孙悟空识别白骨精过程函数
def defeat_white_bone_spirit():
    attempt = 0
    for spirit_count in range(3):
        character = input("请输入当前角色的名字:")
        if identify_disguise(character):
            attempt=attempt+1
        if attempt == 3:
            print("白骨精被彻底打败,再也无法变化。")
            break
    if attempt<3:
        print("悟空未能识别所有白骨精变化,唐僧有被抓去的危险")
#调用函数,开始模拟孙悟空识别白骨精的过程
defeat_white_bone_spirit()
```

【进阶思考】:

将白骨精的变化隐藏到村民列表 ls[]中,通过输入列表序号判断识别的是白骨精变化还是村民变化。

参考代码如下。

```
from random import randint
import time
ls=[]
ls1=['村姑','老婆婆','老头']          #白骨精的所有变化
n=20                                  #村民个数
```

```python
flag=0   #标记白骨精最后是否被打死的结果,0表示被打死了,1表示没有被打死
def init(n):                                    #初始化村民列表
    for i in range(n):
        ls.append('村民')
def transformation(s):                          #白骨精的变化 s 隐藏到村民中
    x=randint(1,n)
    ls.insert(x,s)
    for i in range(n+1):
        if i%5==0:
            print()
        print("{}{}-{}".format(' '* randint(1,20),i,ls[i]),end='  ')
def attempts(i,x):                              #根据当前白骨精的变化 i 和输
#入的白骨精的位置 x,悟空打白骨精,打死返回 True,没打死返回 False
    del ls[x]
    if ls1[i] in ls:
        return False
    else:
        return True
init(n)
star=time.time()
for i in range(3):                              #i 的值表示当前白骨精的变化
    transformation(ls1[i])
    x=int(input("\n 输入白骨精的位置:"))
    if attempts(i,x):
        print("打死了白骨精的第{}次变化".format(i+1))
    else:
        flag=1
        break
end=time.time()
if flag:
    print("打错了,师父被白骨精抓走了,呜呜!!!\n\n{0: * ^30s}".format("Game
Over"))
    print("\n\n 游戏用时:{:.2f}秒".format(end-star))
else:
    print("白骨精被打死了,但是悟空却被师父赶回了花果山,不要灰心,俺老孙还会回来
的!!!\n\n{0: * ^67s}".format("KO"))
    print("\n\n 游戏用时:{:.2f}秒".format(end-star))
```

9-4

9.3.4 实验 4 绘制纪念日

在《西游记》中,唐僧师徒五人历经九九八十一难,历经十四年,终于取得极乐真经,修成正果。五圣为了纪念这一特殊日子,决定使用七段数码管来展示这一纪念日。以当前日期为例,编写程序,用七段二级数码管形式展示这一日期。

解题思路如下。

如图 9-1 所示,绘制七段数码管的时候,每个 0 到 9 的数字都有相同的七段数码管样式。七段数码管可以看成由七个基本线条组成,七个线条是固定顺序,通过不同线条组合

显示表达不同的数字。因此可以通过设计函数复用数字的绘制过程,通过 turtle 库函数绘制七段数码管形式的日期信息,实现步骤如下。

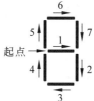

图 9-1　七段数码管

① 定义函数 drawLine(draw),绘制单段数码管。靠变量 draw 来区分这条线是否落下笔迹。

其中,turtle.pendown() if draw else turtle.penup() 单行 if-else 语句表示,如果 draw 是真值,画笔落下,如果不是,画笔抬起。该行语句等同于普通 if-else 语句表达。

```
if  draw:
    turtle.pendown()
else :
    turtle.penup()
```

② 定义 drawDigit()函数,根据用户输入的数字显示绘制出来的数码管。

其中,函数主要代码行 drawLine(True)　if　digit in [2,3,4,5,6,8,9]　else drawLine(False)采用了单行 if-else 语句,根据输入的数字判断是否要绘制七段数码管中间的横线。当需要绘制时,调用绘制函数 drawLine(),为参数赋值 True,绘制横线;当不需要绘制时,为参数赋值 False,抬起画笔。将此单行语句采用 if-else 语句普通表达如下:

```
if digit in [2, 3, 4, 5, 6, 8, 9]:
    drawLine(True)   #根据输出参数的值 (True 或 False) 决定是否抬起画笔。
else:
    drawLine(False)
```

③ 定义 drawDate(date)函数。drawDate()函数将更长数字分解为单个数字,进一步调用 drawDigit(),分别绘制每个数字。

④ 模块化 main()函数。

main()函数将启动窗体大小、设置画笔宽度、设置系统时间等功能封装在一起,但 main() 函数并不体现单一功能,仅仅是为了提高代码的可读性。

参考代码如下。

```
import turtle, datetime
def drawLine(draw):                            #绘制单段数码管
    turtle.pendown() if draw else turtle.penup()
```

```
        turtle.fd(40)
        turtle.right(90)
    def drawDigit(digit):                              #根据输入的数字来显示绘制数码管线条
        drawLine(True) if digit in [2,3,4,5,6,8,9] else drawLine(False)
        drawLine(True) if digit in [0,1,3,4,5,6,7,8,9] else drawLine(False)
        drawLine(True) if digit in [0,2,3,5,6,8,9] else drawLine(False)
        drawLine(True) if digit in [0,2,6,8] else drawLine(False)
        turtle.left(90)
        drawLine(True) if digit in [0,4,5,6,8,9] else drawLine(False)
        drawLine(True) if digit in [0,2,3,5,6,7,8,9] else drawLine(False)
        drawLine(True) if digit in [0,1,2,3,4,7,8,9] else drawLine(False)
        turtle.left(180)
        turtle.penup()
        turtle.fd(20)
    def drawDate(date):                                #获得要输出的数字
        for i in date:
            drawDigit(eval(i)) #注意:通过 eval()函数将数字变为整数
    def main():
        turtle.setup(800, 350, 200, 200)
        turtle.penup()
        turtle.fd(-300)
        turtle.pensize(5)
        drawDate(datetime.datetime.now().strftime('%Y%m%d'))
    turtle.hideturtle()
```

9.4 实 验 习 题

1. 编写函数,实现根据键盘输入的长、宽、高之值计算长方体的体积。

2. 编写函数,定义 $f(x)=x \times x+2$,输入 a、b、c 的值,求 $f(a)+f(b)+f(c)$ 的值。

3. 编写函数,从键盘输入一个整数,判断其是否为完全数。完全数就是该数的各因子(除该数本身外)之和正好等于该数本身,例如:$6=1+2+3,28=1+2+4+7+14$。

4. 编写函数,从键盘输入参数 n,计算并显示表达式 $1+1/2+1/3+1/4+1/5+1/6+\cdots+1/n$ 的前 n 项之和。

5. 编写函数,从键盘输入一字符串,判断该字符串是否为回文,所谓回文是指,从前向后读和从后向前读是一样的。

6. 编写函数,表示斐波拉契数列。已知斐波拉契数列 $1,1,2,3,5,8,13,21,\cdots$,其定义如下:该数列第一项和第二项均为 1,从第三项起,每一项的值等于前第一项加前第二项的和。求斐波拉契数列第 n 项的值。

7. 编写函数,计算该年度所属生肖。输入出生年份($\geqslant 1900$),输出该年度的生肖,直到输入 0 结束。已知 1900 年的生肖是"鼠"。

8. 编写函数,实现摆出数字 i 所需要的火柴棒根数。假设有 6 根火柴棒,列出所有能摆出的自然数,要求火柴棒正好摆完。

9.5　实　验　思　考

1. 假设要乘坐电梯，只有一部电梯，其显示面板上有七段数码管显示电梯当前所在楼层。问题：现在人在 1 楼，电梯停在 M 楼，如果要去 N 楼，M 与 N 均小于等于 9。请模拟按了电梯后到达 N 楼这个过程中，显示面板上七段数码管的显示过程（假设这期间没有其他人按电梯）。

2. 将上述七段二级数码管进行应用扩展：如①绘制带小数点的七段数码管；②带刷新的时间倒计时效果；③绘制高级的数码管，能够显示数字和字母。

第 10 章 Python 算法实现

10.1 实 验 目 的

（1）理解常用算法的基本含义。

（2）了解常用算法的解题思路。

（3）了解穷举法、冒泡排序、递归、动态规划的实现方法。

（4）提高解决问题的策略思维。

10.2 相 关 知 识

算法是执行或问题求解的一系列步骤。算法的五个基本特征为：有穷性、确定性、输入、输出、可行性。可以用抽象结构和方法来表达算法，如自然语言步骤描述法、程序流程图和伪代码、程序语言等。本章对一些常用算法进行概述，并用 Python 编程来实现一些基本算法案例。

1. 穷举法

穷举法是利用计算机运算速度快、精确度高的特点，对要解决问题的所有可能情况一个不漏地进行检验，从中找出符合要求的答案。使用穷举法解决问题时，需要考虑优化算法，选择恰当的穷举对象，尽量分析出问题中的隐含条件，缩小穷举范围，以提高解决问题的效率。穷举法的一般结构是：循环（穷举范围）＋判断（检验条件）。

2. 排序算法

排序算法是一种将一串数据依照特定顺序进行排列的算法。这种特定排序方法包括选择、冒泡、插入、希尔排序等。本章实验案例利用冒泡排序算法来解决实际问题。

冒泡排序的工作原理（以升序为例）如下。

① 比较相邻的元素。如果第一个元素比第二个元素大，就交换两元素。

② 遍历数列。继续对下一对相邻元素执行步骤 1，直到到达数列的末尾。这称为一次完整的遍历或一轮冒泡。

③ 在一轮冒泡之后，最大的元素将被"冒泡"到数列的末尾。

④ 重复遍历。重复步骤①～③，但每次遍历时要忽略已经在上一轮中被放置到正确

位置的元素。

⑤ 结束排序。当所有元素都按照顺序排列时,排序完成。

3. 贪心算法

贪心算法是每一步都采取在当前状态下最好或最优(即最有利)的选择,从而希望结果是最好或最优的算法。贪心算法不是对所有问题都能得到整体最优解,关键是贪心策略的选择,选择的贪心策略必须具备无后效性,即某个状态以前的过程不会影响以后的状态,而只与当前状态有关。贪心算法与动态规划的不同在于它对每个子问题的解决方案都做出选择,不能回退。动态规划则会保存以前的运算结果,并根据以前的结果对当前进行选择,有回退功能。

4. 递推法

递推算法是通过已知条件,利用特定关系得出中间推论,直至得到结果的算法。递推算法分为顺推和逆推两种。

5. 递归法

递归算法是指一种通过重复将问题分解为同类的子问题而解决问题的方法。递归完全可以取代循环。递归法是一种自顶向下的解题思路,通过将大问题逐步分解为小问题,求解最终结果。

6. 动态规划算法

动态规划是一种通过将问题分解成相互重叠的子问题来解决问题的方法。它通过存储子问题的解,避免重复计算,从而提高了算法的效率。动态规划广泛应用于路径规划、序列匹配等问题。

动态规划的第一步是初始化二维矩阵,常用以下代码表示。

dp = [[float('inf')] * ncols for _ in range(nrows)]

创建了一个 nrows 行、ncols 列的二维数组 dp,数组中的每个元素都被初始化为无穷大。

float('inf'):这是一个特殊的浮点数表示,代表无穷大(infinity)。在动态规划中,经常使用无穷大作为一个初始值,表示一个非常大的数,任何实际的路径长度或成本都不会超过这个值。

[float('inf')] * ncols:创建了一个包含 ncols 个元素的列表,每个元素都是 float('inf')。这个列表代表动态规划矩阵中的一行。

[for _ in range(nrows)]:这是一个列表推导式,它将上面的单行列表复制 nrows 次,创建一个二维数组,其中每一行都是一个包含 ncols 个 float('inf') 的列表。

7. 深度优先搜索

深度优先搜索(depth first search,DFS)是一种用于遍历或搜索树或图的算法。它从一个节点开始,尽可能深地搜索树或图的分支。当达到某个分支的末端时,会回溯并搜索其他分支。根据深度优先搜索的方法,后来者先服务,借助于栈实现。

算法步骤如下。

① 选择一个起始节点：在图中选择一个起始节点。

② 标记当前节点：将当前节点标记为已访问，并将其加入到一个栈（stack）或递归调用栈中。

③ 访问当前节点的邻居：对当前节点的每一个邻居节点，如果它尚未被访问过，则执行以下操作：

将该邻居节点标记为已访问。

将该邻居节点作为当前节点，并递归地执行步骤②和③（对于栈实现的 DFS，是将邻居节点推入栈中，然后在之后出栈时处理）。

④ 回溯：如果当前节点的所有邻居节点都已被访问过，则从栈中弹出当前节点（在递归实现中，这将自动发生，因为函数将返回给调用者），并将栈顶元素（或在递归调用栈中的当前节点）设为新的当前节点。

⑤ 重复步骤③和④：直到栈为空（或递归调用栈返回原点），这意味着所有可达的节点都已被访问。

⑥ 选择新的起始节点（如果需要）：如果图中还有未访问的节点，选择一个作为新的起始节点，并重复步骤①到⑤。

10.3　实　验　范　例

10.3.1　实验 1　悟空吃人参果——递归

在《西游记》中，唐僧师徒四人路过万寿山五庄观，悟空听说"人参果树乃是混沌初开时，天地间所生的一根灵苗。树上的果子三千年一开花，三千年一结果，再过三千年才成熟。过得近一万年，才结出三十个果子。人若闻一闻，能活三百六十岁；若是吃上一个，能活四万七千年！"，就决定偷偷摘来吃。已知，悟空偷偷摘了若干人参果，第一天当即吃了一半，还不解馋，又多吃了一个；第二天，吃剩下的人参果的一半，还不过瘾，又多吃了一个；以后每天都吃前一天剩下的一半多一个，到第 10 天想再吃时，只剩下一个人参果了。问悟空一共摘了多少个人参果？

解题思路如下。

① 定义一个递归函数 peach_count(n)，表示第 n 天剩余桃子的数量。当 n 为 10 时，剩余桃子数为 1。

② 递推公式为 peach_count(n) = 2 * (peach_count(n+1) + 1)，表示第 n 天剩余的桃子数量是第 $n+1$ 天剩余桃子数量的两倍加 1。

③ 倒推回第一天可以得到摘了的桃子的数量。

参考代码如下。

```
def peach_count(n):
    if n == 10:
        return 1
```

```
    return 2 * (peach_count(n+1) + 1)
total_peach = peach_count(1)
print("第一天共摘了{}个桃子。".format(total_peach))
```

10.3.2 实验 2　西游记十大法器排比——冒泡排序

10-2

《西游记》里有各式各样的法宝和兵器,有的是众仙佛以及孙悟空师兄弟斩妖除魔的利器,有的是众妖王围追阻截唐僧师徒的有力"帮手"。现列举其中十大法器,根据法器能力大小赋予能力值,请编写程序,根据法器能力值大小来对这些法器名称进行排序。

根据《西游记》记载,假设选取的法器及能力值如表 10-1 所示。

表 10-1　十大法器及能力值

法 器 名 称	法 器 作 用	能 力 值
如意金箍棒	孙悟空的兵器,能大能小,威力无穷	100
九齿钉耙	猪八戒的武器,威力虽不及金箍棒,但也十分强大	85
降妖宝杖	沙僧的武器,虽然普通,但也能降妖除魔	75
芭蕉扇	铁扇公主的宝物,一扇熄火,二扇生风,三扇下雨	90
紫金红葫芦	收万物入内,化为脓血	80
羊脂玉净瓶	观音菩萨的宝物,能收服妖魔	82
金刚琢	太上老君的法宝,能套住万物	95
紧箍咒	观音菩萨所赠,唐僧用来控制孙悟空(主要是控制能力,非直接攻击力)	65
人种袋	弥勒佛的法宝,能收人入内	78
七宝玲珑塔	托塔李天王的法宝,威力强大	88

参考代码如下。

```
#定义法器列表,每个法器是一个包含名称和能力值的元组
weapons = [
    ("如意金箍棒", 100),
    ("九齿钉耙", 85),
    ("降妖宝杖", 75),
    ("芭蕉扇", 90),
    ("紫金红葫芦", 80),
    ("羊脂玉净瓶", 82),
    ("金刚琢", 95),
    ("紧箍咒", 65),
    ("人种袋", 78),
    ("七宝玲珑塔", 88),
]
#冒泡排序算法,根据能力值对法器列表进行排序
def bubble_sort(lst):
```

```
        n = len(lst)
        for i in range(n):
            for j in range(0, n-i-1):
                if lst[j][1] < lst[j+1][1]:              #比较能力值
                    lst[j],lst[j+1] = lst[j+1],lst[j]     #交换位置
        return lst
    #对法器列表进行排序
    sorted_weapons = bubble_sort(weapons)
    #打印排序后的法器列表
    for weapon in sorted_weapons:
        print("{}:{}".format(weapon[0],weapon[1]))
```

10-3

10.3.3　实验 3　悟空智逃蜘蛛网——动态规划

在《西游记》中,唐僧师徒路过盘丝岭,孙悟空在盘丝洞中被蜘蛛精困住。洞中被蜘蛛网分成了多个区域,每个区域可以看作一个格子。蜘蛛精在一些格子上放置了毒液,孙悟空不能通过这些格子。如图 10-1 所示格子,用一个二维矩阵表示,其中 0 代表安全路径,1 代表有毒的蜘蛛网。编写程序,帮助孙悟空找到一条从起点到洞口(终点)的最短安全路径。

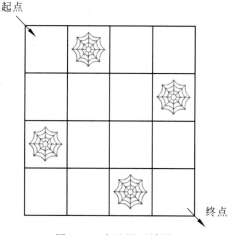

图 10-1　盘丝洞区域图

解题思路如下。

解决该类路线问题,要使用动态规划算法,将原问题分解为更简单的子问题,并利用子问题的解来构建原问题的解。通过这种方式,避免了重复计算相同子问题,从而提高了算法效率。

分析动态规划算法步骤如下。

(1)盘丝洞地图初始抽象化。

```
maze = [[0, 1, 0, 0], [0, 0, 0, 1],[1, 0, 0, 0],[0, 0, 1, 0]]
```

设置一个 4×4 的二维数组,其中 0 代表安全路径,1 代表有毒的蜘蛛网。地图的起点是左上角(maze[0][0]),终点是右下角(maze[4][4])。

(2) 定义 escape_from_spider 逃脱函数。

① 动态规划数组初始化。

```
dp = [[float('inf')] * ncols for _ in range(nrows)]
```

创建一个与地图方格同样大小的二维数组 dp,用于保存从起点到每个位置的最短路径长度。数组中的每个值初始化为无穷大(float('inf')),除了起点,其路径长度设为 0。

② 定义可移动方向。

```
directions = [(-1, 0), (1, 0), (0, -1), (0, 1)]
```

这是一个包含 4 个元素的列表,代表孙悟空可以向上、下、左、右移动。每个元素是一个元组,代表移动的方向。

③ 动态规划填表。

```
for i in range(nrows):
    for j in range(ncols):
        if maze[i][j] == 1:
            continue                         #如果当前位置是蜘蛛网,则跳过
        for di, dj in directions:
            ni, nj = i + di, j + dj
            if 0 <= ni < nrows and 0 <= nj < ncols and maze[ni][nj] == 0:
                dp[ni][nj] = min(dp[ni][nj], dp[i][j] + 1)
```

通过嵌套循环遍历地图的每个格子。如果当前格子不是蜘蛛网(即 maze[i][j]为 0),则检查所有 4 个方向。对于每个方向,计算新的位置(ni, nj),并检查这个新位置是否在地图范围内且也是安全路径。如果是,就更新 dp[ni][nj]值为当前位置的 dp 值加 1,表示到达新位置的最短路径长度。注意使用 min 函数,确保我们始终保持最短路径长度。

④ 返回最短路径长度。

```
return dp[nrows-1][ncols-1]
```

在函数的最后,返回到达终点的最短路径长度,即 dp 数组右下角的值。

(3) 调用函数并打印结果。

```
shortest_path_length = escape_from_spider(maze)
print(f"孙悟空躲避蛛网的最短路径长度是: {shortest_path_length}")
```

调用 escape_from_spider 函数,传入盘丝洞地图,并将计算出的最短路径长度打印出来。

参考代码如下。

```
def escape_from_spider(maze):
    nrows, ncols = len(maze), len(maze[0])
```

```
dp = [[float('inf')] * ncols for _ in range(nrows)]
dp[0][0] = 0                                              #起点的路径长度设为 0
directions = [(-1, 0), (1, 0), (0, -1), (0, 1)]
for i in range(nrows):
    for j in range(ncols):
        if maze[i][j] == 1:
            continue                                      #跳过有毒的蜘蛛网
        for di, dj in directions:
            ni, nj = i + di, j + dj
            if 0 <= ni < nrows and 0 <= nj < ncols and maze[ni][nj] == 0:
                dp[ni][nj] = min(dp[ni][nj], dp[i][j] + 1)
    return dp[nrows-1][ncols-1]
maze = [[0, 1, 0, 0],[0, 0, 0, 1],[1, 0, 0, 0],[0, 0, 1, 0]]
shortest_path_length = escape_from_spider(maze)
print("孙悟空躲避蛛网的最短路径长度是: {}".format(shortest_path_length))
```

10-4

10.3.4 实验 4 悟空龙宫夺宝——深度优先搜索

在《西游记》的"龙宫夺宝"这一章里,悟空进入水晶宫,径直去找东海龙王寻宝。龙王有一个地宫宝库,是 $n \times m$ 个格子的矩阵,每个格子放一件宝贝。每个宝贝贴着价值标签。地宫的入口在左上角,出口在右下角。悟空被带到地宫的入口,国王要求他只能向右或向下行走。走过某个格子时,如果那个格子中的宝贝价值比悟空手中任意宝贝价值都大,悟空就可以拿起它(当然,也可以不拿)。当悟空走到出口时,如果他手中的宝贝恰好是 k 件,则这些宝贝就可以送给悟空。请你帮悟空算一算,在以上限定条件下,他有多少种不同的行动方案能获得这 k 件宝贝。

输入格式要求如下。

输入一行 3 个整数,用空格分开:n m k($1 \leqslant n, m \leqslant 50, 1 \leqslant k \leqslant 12$),接下来有 n 行数据,每行有 m 个整数 C_i($0 \leqslant C_i \leqslant 12$),$C_i$ 代表该格子上宝物的价值。

输出格式要求如下。

要求输出一个整数,表示正好取 k 个宝贝的行动方案数。该数字可能很大,输出它对 1000000007 取模的结果。

【输入样例】:

```
2 3 2
1 2 3
2 1 5
```

【输出样例】:

```
14
```

参考代码如下。

```
n,m,k=map(int,input().split())                           #记录迷宫的宝贝价值
table=[]
```

```
for  in range(n):
    table.append(list(map(int,input().split())))
#状态列表 dp[1][2][3][4]=5 表示坐标(1,2)这个点物品数量为 3 最大价值为 4 的方案有 5 种
#for _ in range(n) 一般仅仅用于循环 n 次,不用设置变量,用 _ 指代临时变量,只在这个语句
中使用一次。
dp=[[[[-1] * 15 for _ in range(15)] for _ in range(51)]for _ in range(51)]
#深度遍历
def dfs(x,y,sum,max):
    #因为如果这个方案先前采用了,就会有一个值而不是初始值-1
    if dp[x][y][sum][max+1]!=-1:
        #直接将记录过的状态返回
        return dp[x][y][sum][max+1]
    #方案数
    t=0
    #到达终点
    if x==n-1 and y==m-1:
        #最后一个格子能选
        if table[x][y]>max:
            #可选可不选,若选那么只能再选最后一个(先前有 k-1 个)
            if sum==k or sum==k-1:
                t+=1
        elif k==sum:
            #不能选也算一种方案
            t+=1
        dp[x][y][sum][max+1]=t
        #返回终点的方案数
        return dp[x][y][sum][max+1]
    #向下走
    if x+1<n:
        #可选
        if table[x][y]>max:
            t+=dfs(x+1,y,sum+1,table[x][y])
            t%=1000000007
        #不选
        t+=dfs(x+1,y,sum,max)
        t%=1000000007
    #向右走
    if y+1<m:
        #可选
        if table[x][y]>max:
            t+=dfs(x,y+1,sum+1,table[x][y])
            t%=1000000007
        #不选
        t+=dfs(x,y+1,sum,max)
        t%=1000000007
    dp[x][y][sum][max+1]=t
    return dp[x][y][sum][max+1]
dp[0][0][0][0]=dfs(0,0,0,-1)
print(dp[0][0][0][0])
```

10.4 实 验 习 题

1. 小明读书,第一天读了全书的一半加 2 页,第二天读了剩下的一半加 2 页,以后天天如此,第六天读完了最后的 3 页,问全书有多少页?

2. 闯关游戏需要破解一组密码,闯关组给出的有关密码的线索是:一个拥有密码所有元素的非负整数列表 password,密码是 password 中所有元素拼接后得到的最小的一个数,请编写一个程序返回这个密码。例如:输入:[15,8,7],输出:1578。

3. 给定整数列表 nums 和整数 k,请返回列表中第 k 个最大的元素。

4. 分糖果:已知一些孩子和一些糖果,每个孩子有需求因子 g,每个糖果有大小 s,当某个糖果的大小 $s \geqslant$ 某个孩子的需求因子 g 时,代表该糖果可以满足该孩子,求使用这些糖果,最多能满足多少孩子?(注意,某个孩子最多只能用 1 个糖果满足)。

5. 青蛙每次跳台阶每次只能跳一个台阶或两个台阶,跳到第 N 个台阶总共有多少种跳法?

6. 给定一个列表 prices,它的第 i 个元素 prices[i] 表示一支给定股票第 i 天的价格。你只能选择某一天买入这只股票,并选择在未来的某一个不同的日子卖出该股票。要求:卖出价格需要大于买入价格,同时,你不能在买入前卖出股票。设计一个算法来计算你所能获取的最大利润,输出你可以从这笔交易中获取的最大利润。如果你不能获取任何利润,输出 0。样例如表 10-2 所示。

表 10-2 样例

输 入 样 例	输 出 样 例
7,1,5,3,6,4	5
7,6,4,3,1	0

7. 班里有 N 个学生(编号为 $0 \sim N-1$),其中一些人是朋友,一些人不是朋友,他们的友谊具有传递性,所谓的朋友圈就是所有朋友的集合。比如 A 和 B 是朋友,B 和 C 是朋友,那么我们认为 A 和 C 也是朋友,A、B、C 就在一个朋友圈里。找出这 N 个学生的朋友圈的个数和最大朋友圈的人数。

10.5 实 验 思 考

1. 描述一个与你的专业相关的实际问题,探讨如何使用算法来解决该问题。

2. 提取《西游记》中其他故事脚本,利用常用算法的基本解题思路来解决该问题。

参 考 文 献

[1] 曾辉,熊燕.大学计算机基础实践教程 Windows 10＋Office 2016 微课版[M].北京：人民邮电出版社,2020.

[2] 熊皓,倪波,曹绍君.大学计算机基础及应用：Python 篇[M].北京：机械工业出版社,2023.

[3] 甘勇,尚展垒.大学计算机基础实践教程[M].2 版.北京：高等教育出版社,2023.

[4] 向华.大学计算机实训教程(混合教学版)[M].北京：清华大学出版社,2021.

[5] 嵩天.Python 语言程序设计基础[M].2 版.高等教育出版社,2017.

[6] 黑马程序员.Python 快速编程入门[M].北京：人民邮电出版社,2021.

[7] 吴昊,张恒等.计算思维与计算机基础实验教程[M].北京：人民邮电出版社,2015.

[8] 王凤领,刘胜达.ITE 基础实践案例[M].西安：西安电子科技大学出版社,2021.

[9] 李占宣.计算机组装与维护[M].西安：西安电子科技大学出版社,2018.

[10] 侯安才,栗楠.计算机网络实验教程[M].西安：西安电子科技大学出版社,2016.

[11] 江涵丰.ChatGPT 全能应用一本通[M].北京：北京大学出版社,2023.

[12] Shom,Wenyuan,Boyan.驾驭 ChatGPT：学会使用提示词[M].北京：电子工业出版社,2023.